U0827513

普通高等院校理工类规划教材

复变函数

主　编　徐俊峰　陈　莉

北京邮电大学出版社
·北京·

内容简介

本书主要面向应用型本科院校，介绍了复变函数的基本概念、基本理论和方法，包括复数与复变函数、解析函数、复变函数的积分、复变函数项级数、留数理论及其应用、共形映射和 MATLAB 在复变函数中的应用等。本书以学生的学习为中心，力求深入浅出、通俗易懂，激发学生的学习兴趣. 每章配有小结和习题，并在书末给出了部分习题的答案与提示。

本书可作为高等学校理工类相关专业的教材，也可供科技工作者参考。

图书在版编目(CIP)数据

复变函数 / 徐俊峰，陈莉主编. -- 北京 ：北京邮电大学出版社，2025. -- ISBN 978-7-5635-7435-3

Ⅰ. O174.5

中国国家版本馆 CIP 数据核字第 2025T0P230 号

策划编辑：张　赞　　**责任编辑**：刘国辉　　**封面设计**：赫　健

出版发行：北京邮电大学出版社
社　　址：北京市海淀区西土城路 10 号(100876)
电话传真：010-82333010　62282185(发行部)　010-82333009　62283578(传真)
网　　址：www.buptpress3.com
电子邮箱：buptpress3@163.com
经　　销：各地新华书店
印　　刷：鸿博睿特(天津)印刷科技有限公司
开　　本：787 mm×1 092 mm　1/16
印　　张：8.5
字　　数：209 千字
版　　次：2025 年 5 月第 1 版
印　　次：2025 年 5 月第 1 次印刷

ISBN 978-7-5635-7435-3　　定价：32.00 元

前　言

复变函数课程是高等学校理工科专业的重要基础课，特别是在以工科为主的学校中，它是一门广泛开设的公共数学基础课。为主动应对新一轮科技革命和产业变革，支撑服务创新驱动发展、“中国制造 2025”等一系列国家战略，2017 年 2 月以来，教育部积极推进新工科建设，先后形成了“复旦共识”“天大行动 ”“北京指南”，并发布了《教育部高等教育司关于开展新工科研究与实践的通知》《教育部办公厅关于推荐新工科研究与实践项目的通知》，全力探索形成领跑全球工程教育的中国模式、中国经验，助力高等教育强国建设。作为工科专业的一门公共数学基础课程，如何适应地方应用型本科院校的需求、建设新工科的要求，是对本课程提出的新挑战。编者考虑到地方高校“大众教育”学生的特点，在本书中贯彻 OBE(基于学习产出的教育模式)理念，精炼课程内容，这样既能讲授基本知识和方法，又能满足后续课程的需求。作为工科专业本科生的少学时的公共基础课教材，本书有以下四个特点：

第一，内容“少而精”，强调基础性。本书贯彻 OBE 理念，不涉及过深的理论知识，仅选取了复变函数领域中最重要的基本理论，强化学生的应用能力。重点介绍了复变函数课程的基本内容：复数与复变函数、解析函数、柯西-古萨定理及柯西积分公式、幂级数及洛朗级数、留数理论及其应用、分式线性变换。

第二，注重方法的掌握，突出重点，减少难点。本书注重高等数学的基本概念与复变函数基本概念之间的内在联系，例如，介绍格林公式与柯西-古萨定理之间的关系时，通过比较法让学生掌握它们之间的异同，来加深对复变函数内容的理解。在每一章后面附有小结，以总结本章的主要概念和定理，帮助学生加深理解，掌握好本章的重点和基本方法。

第三，与传统教材相比，增加了 MATLAB 在复变函数中的应用内容，体现课程的实践性。其目的是让学生了解并熟练运用 MATLAB 软件进行复变函数的相关计算。

第四，增加了我国复变函数领域的专家介绍，以便学生了解我国数学家在该领域取得的优秀成果，激发学生的民族自豪感。

本书由徐俊峰、陈莉担任主编。本书的编写得到了广东省质量工程项目——复变函数课程教学团队及五邑大学特色教材类出版项目立项和北京邮电大学出版社的大力支持，吕锋博士、施耀忠博士等人对本书进行了认真审阅和校对，在此一并表示感谢。

由于编者水平有限，书中不足与疏忽之处在所难免，敬请读者批评指正。

编者

CONTENTS 目录

第 1 章　复数与复变函数

在高等数学课程中，主要学习实值函数在实数域中的连续性、可导性和可积性. 但在实际应用中，常常会遇到在实数域中无法解决的问题，这些问题需要在复数域中研究才可能有比较理想的结论，这就需要复变函数的知识，也就是本课程要学习的理论. 自变量为复数的函数就是复变函数，本课程主要学习复变函数的连续性、可导性和可积性.

本章首先介绍复数的概念及运算，然后将实变函数的极限与连续推广到复数域，为进一步学习解析函数理论与方法奠定必要的基础.

§1.1　复数及其运算

1.1.1　复数

形如 $z=x+\mathrm{i}y$ 或 $z=x+y\mathrm{i}$ 的数称为**复数**，其中 $\mathrm{i}=\sqrt{-1}$ 称为**虚数单位**，满足 $\mathrm{i}^2=-1$；x 与 y 是任意的实数，分别称为复数 z 的**实部**与**虚部**，记作

$$x=\mathrm{Re}\ z, y=\mathrm{Im}\ z.$$

当 $x=0$ 而 $y\neq0$ 时，$z=\mathrm{i}y$ 称为**纯虚数**；当 $y=0$ 时，$z=x$ 是实数 x. 因此实数集是复数集的一个子集，复数集是对实数集的扩充.

两个复数的实部和虚部分别相等时，称这两个复数相等，特别地，一个复数 $z=0$，当且仅当它的实部和虚部同时为 0. 与实数不同，任意两个复数不能比较大小.

1.1.2　复数的表示法

以 $x+\mathrm{i}y$ 的形式表示复数的方法称为复数的代数表示法.

由于任何一个复数 $z=x+\mathrm{i}y$ 都可以由一个有序实数对 (x,y) 唯一确定；而有序实数对 (x,y) 与平面直角坐标系中的点是一一对应的，所以复数 $z=x+\mathrm{i}y$ 可以用平面上坐标为 (x,y) 的点来表示. 此时，x 轴称为实轴，y 轴称为虚轴，两轴所确定的平面称为**复平面**. 这样，复数集中的所有数就与复平面上的所有点一一对应，并可把“点 z”作为“数 z”的同义词. 今后常用 $\mathbb{C}$ 表示复数集或复平面.

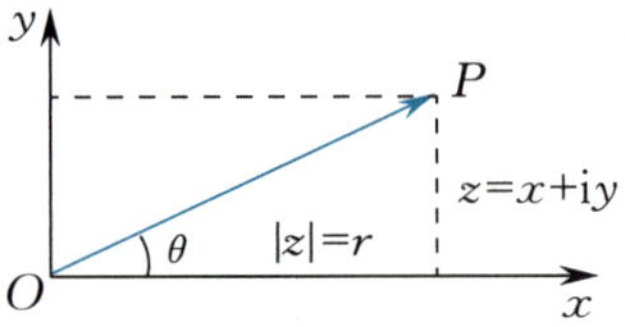

图 1.1

有了复平面，复数 $z=x+\mathrm{i}y$ 就可以用从原点指向点 $P(x,y)$ 的向量 $\overrightarrow{OP}$ 来表示(见图 1.1). 并且把向量 $\overrightarrow{OP}$ 的长度称为 z 的**模**，记作 $|z|$ 或 r，因此有

$$|z|=r=\sqrt{x^2+y^2}\geqslant 0. \tag{1.1}$$

显然，$|z|=0$ 的充要条件是 $z=0$，并且

$$|x|\leqslant|z|,\ |y|\leqslant|z|,\ |z|\leqslant|x|+|y|,\ z\bar{z}=|z|^2=|z^2|.$$

若 $z\neq 0$，则称以正实轴为始边，以表示 z 的向量 $\overrightarrow{OP}$ 为终边的角 θ 为 z 的**辐角**，记作 $\mathrm{Arg}\,z=\theta$. 显然 $\tan(\mathrm{Arg}\,z)=\dfrac{y}{x}$. 任意非零复数 z 都有无穷多个辐角. 如果 θ_0 是其中的一个，那么

$$\mathrm{Arg}\,z=\theta_0+2k\pi\ (k\ \text{为任意整数})$$

就给出了 z 的全部辐角. 满足不等式 $-\pi<\theta_0\leqslant\pi$ 的 θ_0 称为 $\mathrm{Arg}\,z$ 的**主值**，记作 $\theta_0=\arg z$. 当 $z=0$ 时，z 的辐角不确定.

辐角的主值 $\arg z\,(z\neq 0)$ 可由反正切函数 $\mathrm{Arctan}\,\dfrac{y}{x}$ 的主值 $\arctan\dfrac{y}{x}$ 按下列关系确定：

$$\arg z\,(z\neq 0)=\begin{cases}\arctan\dfrac{y}{x}, & x>0,\\ \pm\dfrac{\pi}{2}, & x=0,y\neq 0,\\ \arctan\dfrac{y}{x}+\pi, & x<0,y>0,\\ \arctan\dfrac{y}{x}-\pi, & x<0,y<0,\\ \pi, & x<0,y=0.\end{cases} \tag{1.2}$$

其中，

$$\arctan\frac{y}{x}\in\left(-\frac{\pi}{2},\frac{\pi}{2}\right).$$

利用直角坐标与极坐标的关系

$$x=r\cos\theta,\ y=r\sin\theta,$$

非零复数 z 还可以用它的模和辐角表示，即

$$z=r(\cos\theta+\mathrm{i}\sin\theta), \tag{1.3}$$

式(1.3)称为复数 z 的**三角表示式**. 利用欧拉公式 $\mathrm{e}^{\mathrm{i}\theta}=\cos\theta+\mathrm{i}\sin\theta$，又可得复数 z 的**指数表示式**

$$z=r\mathrm{e}^{\mathrm{i}\theta}. \tag{1.4}$$

复数的各种表示法可以相互转换，以适应讨论不同问题时的需要.

例 1.1 将下列复数用三角表示法和指数表示法表示：

(1)$z=-\sqrt{3}-\mathrm{i}$；　　(2)$z=\sin\frac{\pi}{3}+\mathrm{i}\cos\frac{\pi}{3}$.

解 (1)显然 $r=|z|=\sqrt{3+1}=2$. 由于 z 的实部和虚部都是负数，所以由式(1.2)知 z 的辐角主值为

$$\theta=\arctan\left(\frac{-1}{-\sqrt{3}}\right)-\pi=\arctan\frac{\sqrt{3}}{3}-\pi=-\frac{5}{6}\pi.$$

因此 z 的三角表示式为

$$z=2\left[\cos\left(-\frac{5}{6}\pi\right)+\mathrm{i}\sin\left(-\frac{5}{6}\pi\right)\right].$$

z 的指数表示式为 $z=2\mathrm{e}^{-\frac{5}{6}\pi\mathrm{i}}$.

(2)由于题中所给复数 z 的实部为正弦，虚部为余弦，利用诱导公式的互余关系，得

$$\sin\frac{\pi}{3}=\cos\left(\frac{\pi}{2}-\frac{\pi}{3}\right)=\cos\frac{\pi}{6},\cos\frac{\pi}{3}=\sin\left(\frac{\pi}{2}-\frac{\pi}{3}\right)=\sin\frac{\pi}{6},$$

又 $|z|=1$，所以 z 的三角表示式为

$$z=\cos\frac{\pi}{6}+\mathrm{i}\sin\frac{\pi}{6},$$

z 的指数表示式为 $z=\mathrm{e}^{\frac{\pi\mathrm{i}}{6}}$.

1.1.3 共轭复数

实部相同而虚部的绝对值相等、符号相反的两个复数称为**共轭复数**，记 $z=x+\mathrm{i}y$ 的共轭复数为 $\overline{z}=x-\mathrm{i}y$.

共轭复数的性质如下(其中 z、z_1、z_2 均为复数，$z=x+\mathrm{i}y$)：

(1)$\overline{z_1\pm z_2}=\overline{z_1}\pm\overline{z_2}$，$\overline{z_1z_2}=\overline{z_1}\ \overline{z_2}$，$\overline{\left(\frac{z_1}{z_2}\right)}=\frac{\overline{z_1}}{\overline{z_2}}(z_2\neq0)$；

(2)$\overline{(\overline{z})}=z$；

(3)$\overline{z}z=(\mathrm{Re}\,z)^2+(\mathrm{Im}\,z)^2=x^2+y^2$；

(4)$z+\overline{z}=2\mathrm{Re}\,z=2x$，$z-\overline{z}=2\mathrm{i}\mathrm{Im}\,z=2y\mathrm{i}$.

1.1.4 复数的代数运算

两个复数

$$z_1=x_1+\mathrm{i}y_1,z_2=x_2+\mathrm{i}y_2$$

的加法、减法与乘法定义如下：

$$z_1\pm z_2=(x_1+\mathrm{i}y_1)\pm(x_2+\mathrm{i}y_2)=(x_1\pm x_2)+\mathrm{i}(y_1\pm y_2),$$

$$z_1z_2=(x_1+\mathrm{i}y_1)(x_2+\mathrm{i}y_2)=(x_1x_2-y_1y_2)+\mathrm{i}(x_2y_1+x_1y_2).$$

与实数一样，复数的运算也满足下列运算律.

交换律：

$$z_1+z_2=z_2+z_1,z_1z_2=z_2z_1;$$

结合律：

$$z_1+(z_2+z_3)=(z_1+z_2)+z_3, z_1(z_2z_3)=(z_1z_2)z_3;$$

分配律：

$$z_1(z_2+z_3)=z_1z_2+z_1z_3.$$

复数的除法也定义为乘法的逆运算，当 $z_2\neq 0$ 时，它的代数表示式为

$$\frac{z_1}{z_2}=\frac{x_1x_2+y_1y_2}{x_2^2+y_2^2}+\mathrm{i}\,\frac{x_2y_1-x_1y_2}{x_2^2+y_2^2}.$$

下面进一步研究复数的乘除法.

定理 1.1

两个复数乘积的模等于它们模的乘积，辐角等于它们辐角的和.

证 设 $z_1=r_1(\cos\theta_1+\mathrm{i}\sin\theta_1)$，$z_2=r_2(\cos\theta_2+\mathrm{i}\sin\theta_2)$，则

$$\begin{aligned}z_1z_2&=r_1(\cos\theta_1+\mathrm{i}\sin\theta_1)\cdot r_2(\cos\theta_2+\mathrm{i}\sin\theta_2)\\&=r_1\cdot r_2[(\cos\theta_1\cdot\cos\theta_2-\sin\theta_1\cdot\sin\theta_2)+\mathrm{i}(\sin\theta_1\cdot\cos\theta_2+\cos\theta_1\cdot\sin\theta_2)]\\&=r_1r_2[\cos(\theta_1+\theta_2)+\mathrm{i}\sin(\theta_1+\theta_2)],\end{aligned}$$

用指数表示法表示出来，可得

$$z_1z_2=r_1\mathrm{e}^{\mathrm{i}\theta_1}r_2\mathrm{e}^{\mathrm{i}\theta_2}=r_1r_2\mathrm{e}^{\mathrm{i}(\theta_1+\theta_2)}, \tag{1.5}$$

由此得

$$|z_1z_2|=r_1r_2=|z_1||z_2|, \tag{1.6}$$

$$\mathrm{Arg}(z_1z_2)=\mathrm{Arg}\,z_1+\mathrm{Arg}\,z_2. \tag{1.7}$$

由于

$$z_1=\frac{z_1}{z_2}\cdot z_2,$$

由式(1.6)、式(1.7)可得

$$|z_1|=\left|\frac{z_1}{z_2}\right||z_2|,$$

即

$$\left|\frac{z_1}{z_2}\right|=\frac{|z_1|}{|z_2|}, \mathrm{Arg}\left(\frac{z_1}{z_2}\right)=\mathrm{Arg}\,z_1-\mathrm{Arg}\,z_2. \tag{1.8}$$

于是可得以下定理.

定理 1.2

两个复数商的模等于它们模的商，辐角等于被除数与除数的辐角的差.

对于复数的乘除法，有以下两点值得注意.

(1)由于辐角的多值性，式(1.7)、式(1.8)的两端均属于集合等式. 也就是说，等式两端可能取的值的全体是相同的，对于其左端的任意值，右端必有一值与它相等，反过来也成立；

(2)式(1.6)与式(1.7)说明，表示乘积 z_1z_2 的向量是由表示 z_1 的向量旋转一个角度 $\mathrm{Arg}\,z_2$ 并伸长(或缩短)到原来的 $|z_2|$ 倍得到的(见图 1.2).

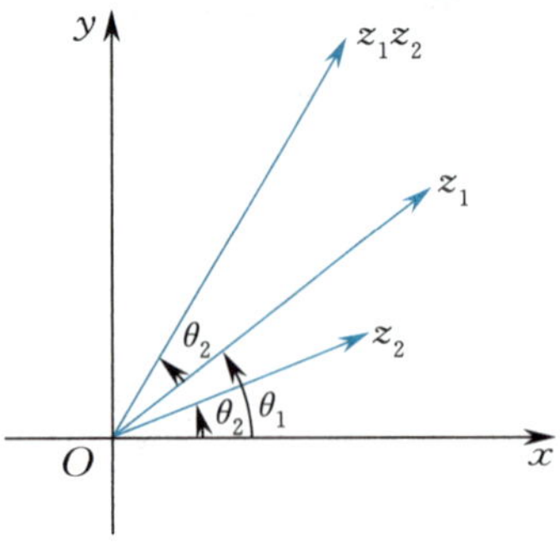

图 1.2

1.1.5 复数的幂与方根

将式(1.5)中两个复数的乘积公式推广到 n 个复数 $z_k=r_k e^{i\theta_k}$ $(k=1,2,\cdots,n)$的乘积：

$$\begin{aligned} z_1 z_2 \cdots z_n &= r_1 r_2 \cdots r_n [\cos(\theta_1+\theta_2+\cdots+\theta_n)+i\sin(\theta_1+\theta_2+\cdots+\theta_n)] \\ &= r_1 r_2 \cdots r_n e^{i(\theta_1+\theta_2+\cdots+\theta_n)}. \end{aligned}$$

在上式中，取 $z_k=z=re^{i\theta}$ $(k=1,2,\cdots,n)$，即得 z 的 n 次幂(即 n 个相同的非零复数 z 的乘积) z^n 的指数表示式和三角表示式：

$$z^n=\underbrace{zz\cdots z}_{n\text{个}}=r^n e^{in\theta}=r^n(\cos n\theta+i\sin n\theta). \tag{1.9}$$

特别地，当 $|z|=1$ 时，就得到棣莫弗(De Moivre)公式：

$$(\cos\theta+i\sin\theta)^n=\cos n\theta+i\sin n\theta. \tag{1.10}$$

对于给定的非零复数 z，n 次方程 $\omega^n=z$ $(n\geqslant 2)$的根 ω 称为 z 的 n 次方根，记作 $\omega=\sqrt[n]{z}$. 为求根 ω，令

$$z=r(\cos\theta+i\sin\theta),\ \omega=\rho(\cos\varphi+i\sin\varphi),$$

则由式(1.9)得

$$\rho^n(\cos n\varphi+i\sin n\varphi)=r(\cos\theta+i\sin\theta),$$

从而有

$$\rho^n=r,\ \cos n\varphi=\cos\theta,\ \sin n\varphi=\sin\theta.$$

由此易得

$$\rho=\sqrt[n]{r},\ n\varphi=\theta+2k\pi\ (k=0,\pm1,\pm2,\cdots).$$

解得

$$\rho=\sqrt[n]{r}\ (\text{取算术根}),\ \varphi=\frac{\theta+2k\pi}{n}\ (k=0,\pm1,\pm2,\cdots).$$

因此，z 的 n 次方根为

$$\omega=\sqrt[n]{z}=\sqrt[n]{r}\left(\cos\frac{\theta+2k\pi}{n}+i\sin\frac{\theta+2k\pi}{n}\right)\ (k=0,\pm1,\pm2,\cdots). \tag{1.11}$$

当 $k=0,1,2,\cdots,n-1$ 时，得到 n 个不同的根：

$$\omega_0=\sqrt[n]{r}\left(\cos\frac{\theta}{n}+i\sin\frac{\theta}{n}\right),$$

$$\omega_1=\sqrt[n]{r}\left(\cos\frac{\theta+2\pi}{n}+i\sin\frac{\theta+2\pi}{n}\right),$$

……

$$\omega_{n-1}=\sqrt[n]{r}\left[\cos\frac{\theta+2(n-1)\pi}{n}+i\sin\frac{\theta+2(n-1)\pi}{n}\right].$$

当 k 取其他整数时，这些根又重复出现. 故非零复数 z 的 n 次方根只有 n 个不同值，它们在几何意义上表示以原点为圆心、$\sqrt[n]{r}$ 为半径的圆的内接正 n 边形的 n 个顶点(见图 1.3).

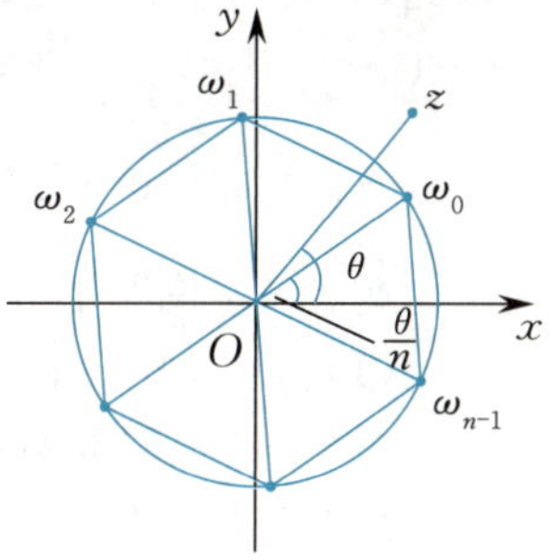

图 1.3

例 1.2 求$\sqrt[3]{-1+i}$.

解 因为$-1+i=\sqrt{2}\left(\cos\frac{3\pi}{4}+i\sin\frac{3\pi}{4}\right)$,所以

$$\sqrt[3]{-1+i}=\sqrt[6]{2}\left(\cos\frac{\frac{3\pi}{4}+2k\pi}{3}+i\sin\frac{\frac{3\pi}{4}+2k\pi}{3}\right)(k=0,1,2).$$

故$-1+i$的三个三次方根为

$$\omega_0=\sqrt[6]{2}\left(\cos\frac{\pi}{4}+i\sin\frac{\pi}{4}\right),$$

$$\omega_1=\sqrt[6]{2}\left(\cos\frac{11\pi}{12}+i\sin\frac{11\pi}{12}\right),$$

$$\omega_2=\sqrt[6]{2}\left(\cos\frac{19\pi}{12}+i\sin\frac{19\pi}{12}\right).$$

它们表示内接于圆心为原点、半径为$\sqrt[6]{2}$的圆的正三角形的三个顶点.

1.1.6 复数在几何上的应用

利用复数及其运算的几何意义,一方面,可将很多平面图形用适当的复数形式的方程(或不等式)来表示;另一方面,也能由给定的复数形式的方程(或不等式)来确定它所表示的平面图形,从而可以利用复数研究某些平面几何问题.

例 1.3 用复数形式的方程来表示通过两点$z_1=x_1+iy_1$,$z_2=x_2+iy_2$的直线与直线段.

解 通过点(x_1,y_1)与点(x_2,y_2)的平面直线可以用参数方程表示为

$$\begin{cases}x=x_1+t(x_2-x_1),\\ y=y_1+t(y_2-y_1),\end{cases}\quad t\in(-\infty,+\infty).$$

因此,只要令$z=x+iy$,就可以得到该直线的复数形式的参数方程为$z=z_1+t(z_2-z_1)$,$t\in(-\infty,+\infty)$.由此得知连接点z_1与z_2的直线段的复数形式的参数方程为$z=z_1+t(z_2-z_1)$,$t\in[0,1]$.特别地,取$t=\frac{1}{2}$,得该直线段的中点为$z=\frac{z_1+z_2}{2}$.

例 1.4 说明下列方程所表示的平面图形:

(1)$|z-a|=b$; (2)$|z-2i|=|z+2|$; (3)$|z-2|+|z+2|=6$.

解 (1)根据复数模的几何意义,方程$|z-a|=b$表示复平面上与点(α,β)(设$a=\alpha+i\beta$)距离为b的所有点的轨迹,即以点(α,β)为圆心、b为半径的一个圆周.

(2)该方程表示到点 2i 与点 -2 距离相等的所有点的轨迹，它是连接点 2i 与点 -2 的线段的中垂线. 令 $z=x+\mathrm{i}y$，利用复数模的定义容易求得中垂线的方程为 $y=-x$.

(3)该方程表示到点 $A(-2,0)$ 与点 $B(2,0)$ 的距离之和为 6 的所有点的轨迹，它是长半轴 $a=3$，焦点为点 A,B，半焦距 $c=2$ 的椭圆，其直角坐标方程为

$$\frac{x^2}{9}+\frac{y^2}{5}=1.$$

1.1.7 复球面与无穷远点

复数不仅可以用平面上的点或向量表示，还可以用球面上的点来表示. 取一球面，与复平面相切于原点，球面上一点 S 与原点重合(见图 1.4). 过 S 作垂直于复平面的直线与球面相交于点 N，称点 N 为北极，点 S 为南极.

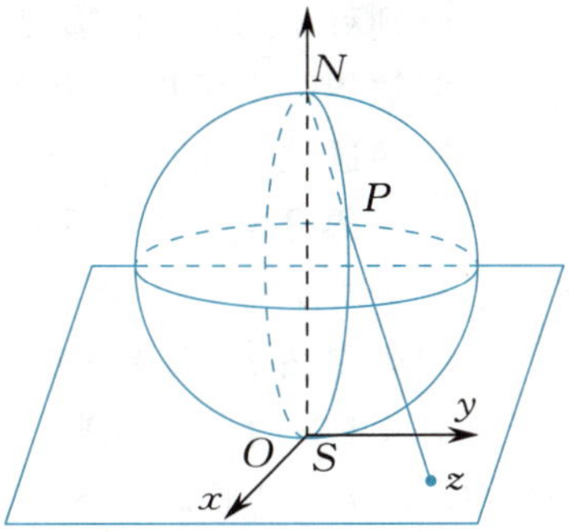

图 1.4

对于复平面上的任一点 $z\in\mathbb{C}$，用直线段将点 z 与点 N 连接起来，直线段与球面有唯一的交点 P(异于点 N). 故除点 N 外，复平面上的点与球面上的点一一对应.

为了使复平面上的点与球面上的所有点都能一一对应，在复平面上引入唯一的一个模为无穷大的假想点，称之为无穷远点，使它与球面上的点 N 对应. 相应地，在复数集中引入唯一的一个复数无穷大，记作 ∞，使它与复平面上的无穷远点对应. 因而球面上的北极 N 就是复数 ∞ 的几何表示. 这样一来，球面上的每个点就有唯一的一个复数与它对应，称这样的球面为**复球面**.

对于复数 ∞，实部、虚部与辐角的概念均无意义，规定其模为正无穷大，即 $|\infty|=+\infty$.

把包括无穷远点的复平面称为**扩充复平面**. 记作 $\overline{\mathbb{C}}=\mathbb{C}\cup\{\infty\}$. 不含无穷远点的复平面称为**有限复平面**或**复平面**.

对于复数 ∞ 的四则运算，作如下规定.

加、减法：$\alpha\pm\infty=\infty\pm\alpha=\infty(\alpha\neq\infty)$.

乘法：$\alpha\cdot\infty=\infty\cdot\alpha=\infty(\alpha\neq 0)$.

除法：$\dfrac{\alpha}{\infty}=0(\alpha\neq\infty)$，$\dfrac{\infty}{\alpha}=\infty(\alpha\neq\infty)$，$\dfrac{\alpha}{0}=\infty(\alpha\neq 0)$.

其他运算，如 $\infty\pm\infty$，$0\cdot\infty$，$\dfrac{\infty}{\infty}$，$\dfrac{0}{0}$ 等均无意义.

§1.2 复变函数及其极限与连续性

1.2.1 复平面点集

(1)**邻域** 集合

$$U(z_0,\delta)=\{z:|z-z_0|<\delta\}$$

称为 z_0 的邻域,其中 $\delta>0$. 集合

$$\mathring{U}(z_0,\delta)=\{z:0<|z-z_0|<\delta\}$$

称为 z_0 的**去心邻域**.

(2)**内点** 设 $G\subseteq\mathbb{C}$为一点集,$z_0\in G$,若存在 z_0 的一个邻域 $U(z_0,\delta)\subseteq G$,则称 z_0 为 G 的内点.

(3)**开集** 若 G 中的每个点都是内点,则称 G 为开集.

(4)**区域** 若点集 $D\subseteq\mathbb{C}$是一个开集且是**连通集**(即 D 内任何两点都能用完全属于 D 的一条折线连接起来),则 D 称为一个区域.

(5)**边界点** 设 D 为一区域,若某点 z_0 的任意邻域内既含有 D 中的点又含有不属于 D 中的点,则称 z_0 为 D 的边界点.

(6)**边界** 由区域 D 的所有边界点所构成的集合称为 D 的边界,记作 ∂D.

(7)**闭区域** 由区域 D 与它的边界所构成的点集称为闭区域,记作 $\overline{D}$.

(8)**有界区域** 若存在正数 M,使得区域 D 中的每个点 z 都满足 $|z|\leqslant M$,则称 D 为有界区域,否则称 D 为无界区域.

(9)**光滑曲线、简单曲线** 设 $x(t)$ 和 $y(t)$ 是 $[a,b]$ 上的连续实变函数,则由 $z(t)=x(t)+\mathrm{i}y(t)$ 定义的集合称为复平面上的一条连续曲线 C,曲线 C 也可以用复数形式的参数方程 $z=z(t)(t\in[a,b])$ 来表示,$z(a)$ 与 $z(b)$ 分别称为曲线 C 的起点和终点. 若 $x'(t)$ 与 $y'(t)$ 在 $[a,b]$ 上连续,并且不同时为零,则称曲线 C 是**光滑曲线**. 由几条光滑曲线连接而成的曲线称为**分段光滑曲线**. 对于满足 $a<t_1<b$ 和 $a<t_2<b$ 的 t_1 与 t_2,若当 $t_1\neq t_2$ 时,有 $z(t_1)\neq z(t_2)$,称曲线 C 为**简单曲线**或若尔当(Jordan)曲线. 起点与终点重合[即 $z(a)=z(b)$]的简单曲线称为**简单闭曲线**.

(10)**单连通区域与多连通区域** 若在区域 D 内任意作一条简单闭曲线,其内部总属于 D,则称 D 为**单连通区域**,否则就称 D 为**多连通区域**.

1.2.2 复变函数的概念

定义 1.1 设 G 是一复数集. 如果存在一个确定的法则 f,使得对于 G 中的每个 $z=x+\mathrm{i}y$,按此法则有确定的一个或几个复数 $w=u+\mathrm{i}v$ 与它对应,那么称 f 为定义在 G 上的一个复变函数,记作 $w=f(z)\ (z\in G)$. 其中集合 G 称为函数 f 的定义域,记作 $D(f)=G$. 对应于 G 中所有 z 的一切 w 值的集合 G^*,称为函数 f 的值域,记作 $R(f)=G^*$.

如果每个 $z\in G$ 对应于一个 w 值,那么称复变函数 $f(z)$ 是单值的. 如果每个 $z\in G$ 对应于多个 w 值,那么称复变函数 $f(z)$ 是多值的.

设 $w=f(z)$ 是 G 上的一个复变函数,令 $z=x+\mathrm{i}y$,$w=u+\mathrm{i}v$,那么 u 与 v 都随 x,y 而变,于是该函数就确定了 G 上的两个二元实变函数

$$u=u(x,y),v=v(x,y).$$

因此,一个复变函数就对应于两个二元实变函数,于是对复变函数的讨论就转化为对两个实变函数 $u=u(x,y)$ 和 $v=v(x,y)$ 的讨论.

例如,考察函数 $w=z^2$. 令 $z=x+\mathrm{i}y$,则由

$$w=u+\mathrm{i}v=(x+\mathrm{i}y)^2=x^2-y^2+2xy\mathrm{i}$$

易知该函数对应于两个二元实变函数 $u=x^2-y^2$，$v=2xy$.

在微积分中，一元实变函数可以看成数轴上两点集之间的映射，二元实变函数则可以看成平面上的点集和数轴上的点集之间的映射，对于复变函数 $w=f(z)$，则可以将它看成两个复平面上点集之间的映射. 具体地说，复变函数 $w=f(z)$ 给出了 z 平面上的点集 G（定义域）到 w 平面上的点集 G^*（值域）之间的一个对应关系. 称 $w\in G^*$ 是 $z\in G$ 在该映射下的像，而 z 称为 w 在该映射下的原像（见图 1.5）.

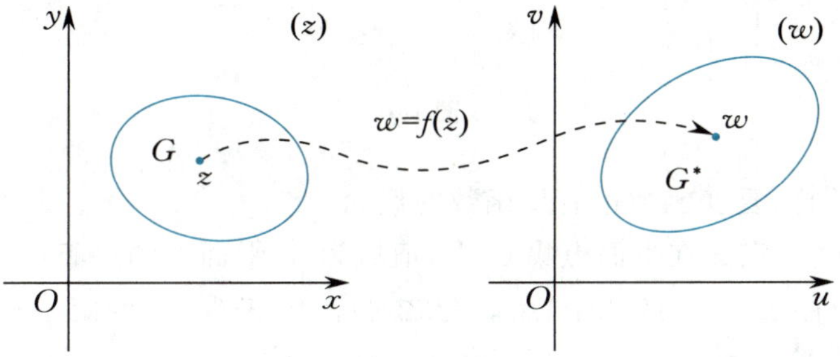

图 1.5

例如，函数 $w=z^2$ 将 z 平面上的点 $1+\mathrm{i}$，-1 分别映射成 w 平面上的点 $2\mathrm{i}$，1；函数 $w=z^2$ 将 z 平面上的角形区域 $0<\arg z<\frac{\pi}{4}$ 映射成 w 平面上的角形区域 $0<\arg z<\frac{\pi}{2}$.

例 1.5 函数 $w=\frac{1}{z}$ 将 z 平面上的直线 $x=1$ 变成 w 平面上的何种曲线？

解 设 $z=x+\mathrm{i}y$，$w=u+\mathrm{i}v=\frac{1}{z}=\frac{1}{x+\mathrm{i}y}=\frac{x-\mathrm{i}y}{x^2+y^2}$，则

$$u=\frac{x}{x^2+y^2},v=\frac{-y}{x^2+y^2}.$$

令 $x=1$，则

$$u=\frac{1}{1+y^2},v=\frac{-y}{1+y^2}.$$

又

$$u^2+v^2=\frac{1}{(1+y^2)^2}+\frac{y^2}{(1+y^2)^2}=\frac{1}{1+y^2}=u,$$

即

$$\left(u-\frac{1}{2}\right)^2+v^2=\frac{1}{4}.$$

故函数 $w=\frac{1}{z}$ 将 z 平面上的直线 $x=1$ 变成 w 平面上的一个以 $\left(\frac{1}{2},0\right)$ 为圆心、$\frac{1}{2}$ 为半径的圆周（见图 1.6）.

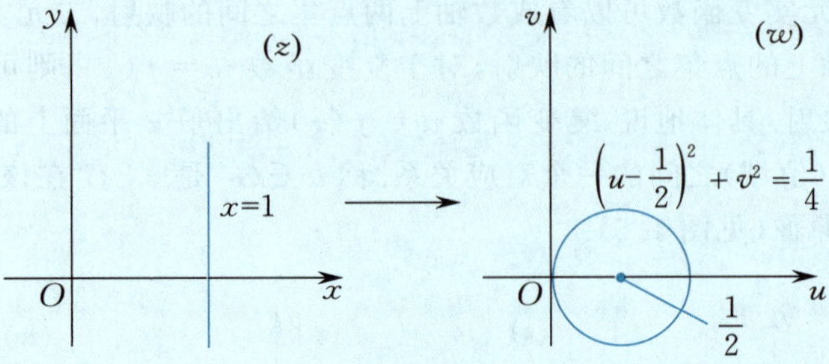

图 1.6

与实变函数一样，复变函数也有反函数的概念.

设函数 $w=f(z)$ 定义在平面点集 G 上，值域为 w 平面上的点集 G^*，若对于 G^* 中的每个点 w，在 G 中存在一个(或几个)点 z 与之对应，则在 G^* 上确定了一个单值(或多值)函数 $z=g(w)$，称它为函数 $w=f(z)$ 的反函数，记作 $z=f^{-1}(w)=g(w)$. 如果函数 $w=f(z)$ 与它的反函数 $z=f^{-1}(w)$ 都是单值的，那么就称函数 $w=f(z)$ 是一一对应的.

1.2.3 复变函数的极限与连续性

定义 1.2 设函数 $w=f(z)$ 定义在 z_0 的某一去心邻域 $\mathring{U}(z_0,\rho)$ 内，若存在复数 A，对于任意给定的 $\varepsilon>0$，都存在 $\delta>0(\delta\leqslant\rho)$，使得当 $0<|z-z_0|<\delta$ 时，有

$$|f(z)-A|<\varepsilon,$$

则称函数 $f(z)$ 当 $z\to z_0$ 时的极限存在，且 A 为其极限值，记作

$$\lim_{z\to z_0}f(z)=A \quad 或 \quad f(z)\to A(z\to z_0).$$

此定义的几何意义是：当自变量 z 进入 z_0 的充分小的去心邻域 $\mathring{U}(z_0,\delta)$ 时，它的像 $f(z)$ 就落入 A 的一个预先给定的 ε 邻域内(见图 1.7).

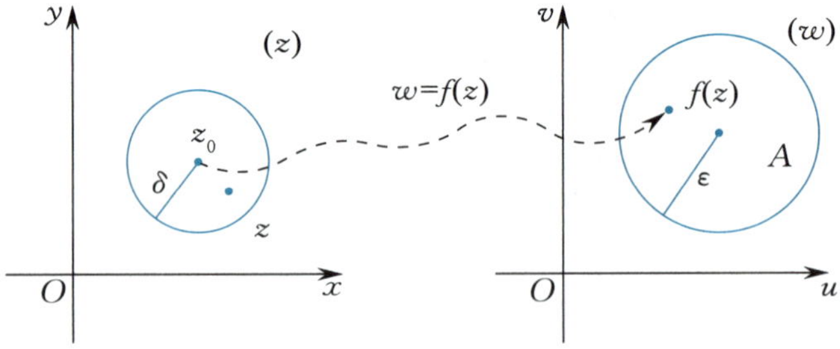

图 1.7

虽然从定义 1.2 的表述上看，复变函数的极限与一元实变函数的极限十分相似，但是该定义要求当 z 在 z_0 的去心邻域内沿任何曲线以任意方式趋于 z_0 时，$f(z)$ 都要趋于同一个常数 A. 这比一元实变函数极限定义的要求苛刻得多.

复变函数极限的计算有以下定理.

定理 1.3

设函数 $f(z)=u(x,y)+\mathrm{i}v(x,y)$，$z_0=x_0+\mathrm{i}y_0$，$A=u_0+\mathrm{i}v_0$，则

$$\lim_{z\to z_0}f(z)=A\Leftrightarrow\lim_{(x,y)\to(x_0,y_0)}u(x,y)=u_0, \tag{1.12}$$

$$\lim_{(x,y)\to(x_0,y_0)}v(x,y)=v_0. \tag{1.13}$$

证 **必要性** 设 $\lim\limits_{z\to z_0}f(z)=A$，由定义 1.2，有 $\forall\varepsilon>0$，$\exists\delta>0$，当 $0<|z-z_0|<\delta$ 时，恒有 $|f(z)-A|<\varepsilon$. 这就是说，当 $0<\sqrt{(x-x_0)^2+(y-y_0)^2}<\delta$ 时，恒有

$$|(u+\mathrm{i}v)-(u_0+\mathrm{i}v_0)|<\varepsilon,$$

从而有 $|u-u_0|<\varepsilon$，$|v-v_0|<\varepsilon$，即式(1.12)和式(1.13)成立.

充分性 设式(1.12)和式(1.13)成立，则 $\forall\varepsilon>0$，$\exists\delta>0$，当

$$0<\sqrt{(x-x_0)^2+(y-y_0)^2}<\delta$$

时，恒有 $|u-u_0|<\varepsilon/2$，$|v-v_0|<\varepsilon/2$. 从而有

$$|f(z)-A|=|(u-u_0)+\mathrm{i}(v-v_0)|\leqslant|u-u_0|+|v-v_0|<\varepsilon,$$

所以根据定义 1.2 得 $\lim\limits_{z\to z_0}f(z)=A$.

下列性质对于复变函数也成立.

(1)(**极限的唯一性**) 若 $z\to z_0$ 时函数 $f(z)$ 的极限存在，则该极限必定唯一.

(2)(**局部有界性**) 若函数 $w=f(z)$ 在 $z\to z_0$ 时的极限存在，则函数 $f(z)$ 必在 z_0 的某去心邻域内有界.

(3)(**有理运算法则**) 若 $\lim\limits_{z\to z_0}f(z)=A$，$\lim\limits_{z\to z_0}g(z)=B$，则

$$\lim_{z\to z_0}[f(z)\pm g(z)]=A\pm B,\ \lim_{z\to z_0}f(z)g(z)=AB,$$

$$\lim_{z\to z_0}\frac{f(z)}{g(z)}=\frac{A}{B}\quad(B\neq0).$$

例 1.6 证明：当 $z\to0$ 时，函数 $f(z)=\dfrac{\mathrm{Re}(z^2)}{|z|^2}$ 的极限不存在.

证 令 $z=x+\mathrm{i}y$，则 $f(z)=\dfrac{x^2-y^2}{x^2+y^2}$，从而得

$$u(x,y)=\frac{x^2-y^2}{x^2+y^2},v(x,y)=0.$$

虽然 $\lim\limits_{(x,y)\to(0,0)}v(x,y)=0$，但因当 z 沿直线 $y=kx$（k 为实常数）趋于零时，

$$\lim_{x\to0(y=kx)}u(x,y)=\lim_{x\to0(y=kx)}\frac{x^2-y^2}{x^2+y^2}=\lim_{x\to0}\frac{x^2-k^2x^2}{x^2+k^2x^2}=\frac{1-k^2}{1+k^2},$$

它随 k 的不同而不同，故 $\lim\limits_{(x,y)\to(0,0)}u(x,y)$ 不存在. 所以由定理 1.3，当 $z\to0$ 时，函数 $f(z)$ 的极限不存在.

利用复变函数极限的定义，就可以像定义实变函数的连续性一样定义复变函数的连续性.

定义 1.3 设函数 $w=f(z)$ 定义在 z_0 的一个邻域 $U(z_0,\rho)$ 内，若 $\lim\limits_{z\to z_0}f(z)=f(z_0)$，则称函数 $f(z)$ 在点 z_0 处连续. 若函数 $f(z)$ 在区域 D 内处处连续，则称函数 $f(z)$ 在 D 内连续.

例 1.6 中，由于函数 $f(z)$ 当 $z\to 0$ 时的极限不存在，所以该函数在原点处不连续.

利用定义 1.3、定理 1.3 以及二元实变连续函数的定义，容易证明下面的定理 1.4，它将复变函数的连续性也转化为两个二元实变函数的连续性.

定理 1.4

函数 $f(z)=u(x,y)+\mathrm{i}v(x,y)$ 在点 $z_0=x_0+\mathrm{i}y_0$ 处连续的充要条件是 $u(x,y)$ 与 $v(x,y)$ 在点 (x_0,y_0) 处同时连续.

根据定理 1.4 与复变函数极限的运算法则，还可证明下述定理.

定理 1.5

在点 z_0 处连续的两个复变函数 $f(z)$ 与 $g(z)$ 的和、差、积、商（分母在点 z_0 处不为零）在点 z_0 处仍连续.

定理 1.6

设函数 $h=g(z)$ 在点 z_0 处连续，函数 $w=f(h)$ 在点 $h_0=g(z_0)$ 处连续，则复合函数 $w=f[g(z)]$ 在点 z_0 处连续.

由以上定理易知有理整式函数（多项式）

$$w=P(z)=a_0+a_1z+a_2z^2+\cdots+a_nz^n$$

（其中 a_k 为复常数）在复平面 $\mathbb{C}$ 上处处连续，而有理分式函数

$$w=R(z)=\frac{P(z)}{Q(z)}$$

[其中 $P(z)$ 与 $Q(z)\neq 0$ 都是多项式]在复平面 $\mathbb{C}$ 上除使分母为零的点外处处连续.

函数 $f(z)$ 在曲线 Γ 上的点 z_0 处连续，是指当 z 沿曲线 Γ 趋于 z_0 时，函数 $f(z)$ 的极限为 $f(z_0)$，即 $\lim\limits_{z\to z_0}f(z)=f(z_0)$，$z\in\Gamma$.

若函数 $f(z)$ 在闭曲线或包括端点的曲线段 Γ 上连续，则函数 $f(z)$ 在该曲线 Γ 上是有界的，即存在一正实数 M，恒有 $|f(z)|\leqslant M$，$z\in\Gamma$.

本章小结

本章讨论了复数的定义、运算、平面点集和区域，复变函数的极限与连续性，其中很多内容在中学阶段都曾接触过，由于复数为复变函数的基础，因此需要复习与补充.

(1) 复数有实部、虚部、模、辐角的概念，其中辐角尤为重要，要注意其多值性，即

$$\mathrm{Arg}\,z=\arg z+2k\pi\ (k\ 为任意整数),$$

其中主值 $\arg z$ 由 z 所在坐标轴或象限决定.

(2) 复数有代数表示法、几何表示法、向量表示法、三角表示法、指数表示法，研究时根据需要选择不同的表示法，并掌握它们之间的转化.

(3)复数的运算有加、减、乘、除、幂、方根以及共轭，要理解这些运算的几何意义和性质.

(4)复变函数及其极限、连续性等概念是微积分学中相应概念的推广，复变函数的定义在形式上只是将一元实变函数的定义域与值域由实数集扩大为复数集，但实变函数是单值函数，而复变函数有单值与多值之分.

(5)一个复变函数对应着两个二元实变函数，所以对复变函数的研究可以转化为对它的实部和虚部两个二元实变函数的研究. 另外，将复变函数看成复平面上两个点集之间的映射，有时可以将问题直观化、几何化.

(6)复变函数极限的定义在形式上与一元实变函数极限的定义相似，其也具有与实变函数类似的极限运算法则. 复变函数的极限与二元实变函数的极限实质上是等价的.

中国复分析专家

华罗庚院士是中国数学研究事业的重要开拓者之一，也是我国在世界上极具影响的数学家之一. 他初中毕业后不到一年就因家贫而辍学，后来的成就完全是依靠刻苦自学取得的. 1930 年，华罗庚在上海《科学》杂志上发表了关于代数方程式解法的文章，受到了熊庆来的重视，并被邀请到清华大学工作. 在杨武之的指导下，他开始了数论的研究. 从此，华罗庚如鱼得水，在数学的王国里自由地翱翔. 一年半之后，他攻下了数学系的全部课程，还自学了英文、德文、法文. 到 1936 年，他已先后在欧美、日本等的数学杂志上发表了十几篇有关数论的论文. 华罗庚以自己的勤奋、才华和惊人成就，赢得了清华师生的赞誉. 1938 年，怀抱一颗爱国之心的华罗庚谢绝了访问苏联和继续留在海外学习的邀请，从英国返回了祖国，被聘为西南联大教授. 他在极其艰苦的条件下写出了 20 多篇论文，并于 1941 年完成了他的第一部数学名著《堆垒素数论》. 华罗庚主要从事解析数论、矩阵几何学、典型群、自守函数论、多复变函数论、偏微分方程、高维数值积分等领域的研究与教学工作，并取得了突出成就，还在解决高斯完整三角和的估计难题、华林和塔里问题改进、一维射影几何基本定理证明、近代数论方法应用研究等方面获得出色成果，并被列为芝加哥科学技术博物馆中当今世界 88 位数学伟人之一. 国际上以他的名字命名的数学科研成果有“华氏定理”“华氏不等式”“华-王方法”等. 华罗庚一生中发表学术论文 200 多篇，出版专著 10 余部. 其专著《多复变数函数论中的典型域的调和分析》以精密的分析和矩阵技巧，结合群表示论，具体给出了典型域的完整正交系，从而给出了柯西与泊松核的表达式. 这项工作在调和分析、复分析微分方程等研究中有着广泛、深刻的影响，华罗庚也凭借这本专著获得了国家自然科学奖一等奖.

习题 1

1. 用复数的代数表示法表示下列复数：

(1) $e^{-i\frac{\pi}{4}}$；　(2) $\dfrac{i}{1-i}+\dfrac{1-i}{i}$；　(3) $(2+i)(1+3i)$；　(4) $\dfrac{1}{i}+\dfrac{2}{1+i}$.

2. 求下列各复数的实部、虚部、共轭复数、模和辐角主值：

(1) $\frac{1}{2+3i}$； (2) $\frac{1}{i}+\frac{3i}{1+i}$； (3) $\left(\frac{3-4i}{1+2i}\right)^2$； (4) $i^{12}-3i^{17}+i$.

3. 证明：当且仅当 $z=\overline{z}$ 时，z 是实数.

4. 设 $z,w\in\mathbb{C}$，证明：$|z+w|\leqslant|z|+|w|$.

5. 设 $z,w\in\mathbb{C}$，证明下列等式，并给出最后一个等式的几何解释：

(1) $|z+w|^2=|z|^2+2\mathrm{Re}\,(z\overline{w})+|w|^2$；

(2) $|z-w|^2=|z|^2-2\mathrm{Re}\,(z\overline{w})+|w|^2$；

(3) $|z+w|^2+|z-w|^2=2(|z|^2+|w|^2)$.

6. 用三角表示法和指数表示法表示下列复数：

(1) $\frac{2i}{-1+i}$； (2) $2i$； (3) -2； (4) $-1-\sqrt{3}i$；

(5) $\frac{(\cos 2\varphi+i\sin 2\varphi)^2}{(\cos\varphi-i\sin\varphi)^3}$； (6) $1-\cos\varphi+i\sin\varphi\,(0\leqslant\varphi\leqslant\pi)$.

7. 求下列各式的值：

(1) $\left(\frac{\sqrt{3}-i}{2}\right)^3$； (2) $(1+i)^4$； (3) $\sqrt[6]{-2}$； (4) $\sqrt[4]{1-i}$.

8. 证明：实系数一元 n 次方程 $a_0z^n+a_1z^{n-1}+\cdots+a_n=0$ 的复数根总是共轭成对出现的.

9. 设方程 $z^n-1=0$ 的 n 个根为 $1,w_1,w_2,\cdots,w_{n-1}$，证明：$1+w_1+w_2+\cdots+w_{n-1}=0$.

10. 证明：若复数 z_1,z_2,z_3 满足等式

$$\frac{z_2-z_1}{z_3-z_1}=\frac{z_1-z_3}{z_2-z_3},$$

则 $|z_2-z_1|=|z_3-z_1|=|z_2-z_3|$，并给出几何解释.

11. 设 Γ 是圆周 $\{z:|z-c|=r\}$，$r>0$，$a=c+re^{i\theta}$. 令

$$L_\beta=\left\{z:\mathrm{Im}\left(\frac{z-a}{b}\right)=0\right\},$$

其中 $b=e^{i\beta}$. 求出 L_β 在 a 相切于圆周 Γ 的关于 β 的充分必要条件.

12. 指出下列各式中点 z 所确定的平面图形，并作图：

(1) $\arg z=\pi$；

(2) $|z-1|=|z|$；

(3) $1<|z+i|<2$；

(4) $\mathrm{Re}\,z>\mathrm{Im}\,z$；

(5) $\mathrm{Im}\,z>1$ 且 $|z|<2$.

13. 已知映射 $w=z^3$，求：

(1) 点 $z_1=i,z_2=1+i,z_3=\sqrt{3}+i$ 在 w 平面上的像；

(2)区域 $0<\arg z<\frac{\pi}{3}$ 在 w 平面上的像.

14. 函数 $w=\frac{1}{z}$ 把 z 平面上的下列曲线映射成 w 平面上的什么曲线?

(1) $x+(y-1)^2=4$;　　(2) $y=x$.

15. 证明:当 $z\to 0$ 时,函数 $f(z)=\frac{1}{2\mathrm{i}}\left(\frac{z}{\bar{z}}-\frac{\bar{z}}{z}\right)$ 的极限不存在.

16. 证明:$\arg z$ 在原点与负实轴上不连续.

第2章 解析函数

解析函数是复变函数中一类具有特殊性质的可导函数，它的概念与流体力学、弹性理论及电学等方面的大量实际问题有着密切的联系. 本章首先介绍复变函数的导数和微分的概念，其次着重阐述解析函数的概念及判定函数解析的充要条件，最后介绍常见的初等复变函数的定义和性质.

§2.1 复变函数的导数和微分 解析函数的概念

2.1.1 复变函数的导数和微分

定义 2.1 设函数 $w=f(z)$ 定义于区域 $D\subseteq\mathbb{C}$，点 $z_0, z_0+\Delta z\in D$. 如果极限

$$\lim_{\Delta z\to 0}\frac{\Delta w}{\Delta z}=\lim_{\Delta z\to 0}\frac{f(z_0+\Delta z)-f(z_0)}{\Delta z}$$

存在，则称函数 $f(z)$ 在点 z_0 处可导，并称该极限值为函数 $f(z)$ 在点 z_0 处的导数，记作

$$f'(z_0)=\left.\frac{\mathrm{d}w}{\mathrm{d}z}\right|_{z=z_0}=\lim_{\Delta z\to 0}\frac{f(z_0+\Delta z)-f(z_0)}{\Delta z}, \tag{2.1}$$

即 $\frac{\Delta w}{\Delta z}=f'(z_0)+\rho(\Delta z)$，$\Delta w=f'(z_0)\Delta z+\rho(\Delta z)\Delta z\,[\rho(\Delta z)\to 0, \Delta z\to 0]$.

定义 2.2 $f'(z_0)\Delta z$ 称为函数 $f(z)$ 在点 z_0 处的微分，记作 $\mathrm{d}w=f'(z_0)\Delta z$. 若函数 $f(z)$ 在点 z_0 处的微分存在，则称函数 $f(z)$ 在点 z_0 处可微. 若规定 $\mathrm{d}z=\Delta z$，则有 $\mathrm{d}w=f'(z_0)\mathrm{d}z$.

由定义 2.2 可知，在点 z_0 处，函数 $f(z)$ 可导与可微等价.

应当注意，定义 2.1 中 $z_0+\Delta z\to z_0$（即 $\Delta z\to 0$）的方式是任意的，也就是说，当 $z_0+\Delta z$ 在区域 D 内以任何方式趋于 z_0 时，$\dfrac{f(z_0+\Delta z)-f(z_0)}{\Delta z}$ 都趋于同一个数，才能说函数 $f(z)$ 在点 z_0 处可导. 复变函数导数定义的这一限制比一元实变函数的类似限制要严格得多，因而复变可导函数具有许多独特的性质和应用.

如果函数 $f(z)$ 在区域 D 内处处可导，就说函数 $f(z)$ 在区域 D 内可导.

若函数 $f(z)$ 在点 z_0 处可导（可微），则函数 $f(z)$ 必在点 z_0 处连续. 反过来不一定成立（见例 2.2）.

例 2.1 考察函数 $f(z)=z^2$ 在整个复平面上的可导性.

解 因为

$$\lim_{\Delta z\to 0}\frac{f(z_0+\Delta z)-f(z_0)}{\Delta z}=\lim_{\Delta z\to 0}\frac{(z+\Delta z)^2-z^2}{\Delta z}=\lim_{\Delta z\to 0}(2z+\Delta z)=2z,$$

即 $f'(z)=2z$. 所以函数 $f(z)$ 在整个复平面上处处可导（可微）.

例 2.2 研究函数 $f(z)=\bar{z}$ 在整个复平面上的可导性.

解 令 $z=x+\mathrm{i}y$，$\Delta z=\Delta x+\mathrm{i}\Delta y$，因为

$$\lim_{\Delta z\to 0}\frac{f(z+\Delta z)-f(z)}{\Delta z}=\lim_{\Delta z\to 0}\frac{\overline{z+\Delta z}-\bar{z}}{\Delta z}=\lim_{\Delta z\to 0}\frac{\overline{(z+\Delta z)-z}}{\Delta z}$$

$$=\lim_{\Delta z\to 0}\frac{\overline{\Delta z}}{\Delta z}=\lim_{\Delta z\to 0}\frac{\Delta x-\mathrm{i}\Delta y}{\Delta x+\mathrm{i}\Delta y},$$

让 $z_0+\Delta z$ 沿着平行于 x 轴的直线趋于 z_0，由于 $\Delta y=0$，因此极限

$$\lim_{\Delta z\to 0}\frac{\Delta x-\mathrm{i}\Delta y}{\Delta x+\mathrm{i}\Delta y}=\lim_{\Delta x\to 0}\frac{\Delta x}{\Delta x}=1,$$

让 $z_0+\Delta z$ 沿着平行于 y 轴的直线趋于 z_0，由于 $\Delta x=0$，因此极限

$$\lim_{\Delta z\to 0}\frac{\Delta x-\mathrm{i}\Delta y}{\Delta x+\mathrm{i}\Delta y}=\lim_{\Delta y\to 0}\frac{-\mathrm{i}\Delta y}{\mathrm{i}\Delta y}=-1\neq 1,$$

所以由定义 2.1 知，函数 $f(z)=\bar{z}$ 在整个复平面上处处不可导（不可微）.

一元实变函数的求导法则都可以不加更改地推广到复变函数中来：

(1) $[f(z)\pm g(z)]'=f'(z)\pm g'(z)$；

(2) $[f(z)g(z)]'=f'(z)g(z)+f(z)g'(z)$；

(3) $\left[\dfrac{f(z)}{g(z)}\right]'=\dfrac{1}{g^2(z)}[g(z)f'(z)-f(z)g'(z)]$，$g(z)\neq 0$；

(4) $\{f[g(z)]\}'=f'(w)g'(z)$，其中 $w=g(z)$；

(5) $f'(z)=\dfrac{1}{\varphi'(w)}$，其中 $w=f(z)$ 与 $z=\varphi(w)$ 是两个互为反函数的单值函数，且 $\varphi'(w)\neq 0$.

2.1.2 解析函数的概念

定义 2.3 如果函数 $f(z)$在 z_0 及 z_0 的某个邻域内处处可导，则称函数 $f(z)$在点 z_0 处**解析**. 如果函数 $f(z)$在区域 D 内每一点处都解析，则称函数 $f(z)$在区域 D 内解析，此时也称函数 $f(z)$是区域 D 内的一个**解析函数**(全纯函数或正则函数).

若函数 $f(z)$在点 z_0 处不解析，那么称 z_0 是函数 $f(z)$的**奇点**.

函数在区域 D 内解析与在区域 D 内可导是等价的. 但是，函数在一点处解析和在一点处可导是两个不同的概念. 函数 $f(z)$在点 z_0 处解析，则它必定在点 z_0 处可导，反之不一定成立，因为函数 $f(z)$在点 z_0 处解析不但要求它在点 z_0 处可导，还要求它在 z_0 的某一邻域内可导，所以函数在一点处解析比在该点处可导的要求要高得多.

例 2.3 研究函数 $f(z)=z^2, g(z)=\overline{z}$ 和 $h(z)=|z|^2$ 的解析性.

解 由定义 2.3 与例 2.1、例 2.2 可知，函数 $f(z)=z^2$ 在复平面上是解析的，而函数 $g(z)=\overline{z}$ 却在复平面上处处不解析. 下面研究函数 $h(z)=|z|^2$ 的解析性.

由于

$$\frac{h(z_0+\Delta z)-h(z_0)}{\Delta z}=\frac{|z_0+\Delta z|^2-|z_0|^2}{\Delta z}=\frac{(z_0+\Delta z)(\overline{z_0}+\overline{\Delta z})-z_0\overline{z_0}}{\Delta z}=\overline{z_0}+\overline{\Delta z}+z_0\frac{\overline{\Delta z}}{\Delta z},$$

易见，如果 $z_0=0$，那么当 $\Delta z\to 0$ 时，上式的极限是零. 如果 $z_0\neq 0$，设 $z_0=x_0+\mathrm{i}y_0$，令 $z_0+\Delta z$ 沿直线 $y-y_0=k(x-x_0)$趋于 z_0，由于 k 的任意性，

$$\frac{\overline{\Delta z}}{\Delta z}=\frac{\Delta x-\Delta y\mathrm{i}}{\Delta x+\Delta y\mathrm{i}}=\frac{1-\dfrac{\Delta y}{\Delta x}\mathrm{i}}{1+\dfrac{\Delta y}{\Delta x}\mathrm{i}}=\frac{1-k\mathrm{i}}{1+k\mathrm{i}}$$

不趋于一个确定的值，所以，当 $\Delta z\to 0$ 时，比值 $\dfrac{h(z_0+\Delta z)-h(z_0)}{\Delta z}$ 的极限不存在.

因此，函数 $h(z)=|z|^2$ 仅在点 $z=0$ 处可导，而在其他点处都不可导. 因此它在复平面上处处不解析.

根据复变函数的求导法则，不难证明下述性质：

(1)两个解析函数的和、差、积、商(除去分母为 0 的点)均为解析函数.

(2)解析函数的复合函数仍为解析函数.

(3)所有多项式都在复平面上处处解析；任何一个有理分式函数在不含分母为 0 的点的区域内都是解析的，使分母为 0 的点是它的奇点.

§2.2 复变函数解析的判定

根据定义判定函数在一点处是否可导或在区域内是否解析有时是比较困难的. 本节将从解析函数的定义出发，给出判定函数可导与解析的简便方法.

定义 2.4 对于二元实变函数 $u(x,y)$ 与 $v(x,y)$，称方程

$$\frac{\partial u}{\partial x}=\frac{\partial v}{\partial y},\frac{\partial u}{\partial y}=-\frac{\partial v}{\partial x} \tag{2.2}$$

为**柯西-黎曼方程**，简称 **C-R 方程**.

定理 2.1

函数 $w=f(z)=u(x,y)+\mathrm{i}v(x,y)$ 在其定义域 D 内一点 $z_0=x_0+\mathrm{i}y_0$ 处可导的充要条件是：

(1)函数 $u(x,y)$ 与 $v(x,y)$ 在点 (x_0,y_0) 处可微；

(2)函数 $u(x,y)$ 与 $v(x,y)$ 在点 (x_0,y_0) 处满足柯西-黎曼方程.

证 **必要性** 由函数 $f(z)$ 在 $z_0=x_0+\mathrm{i}y_0\in D$ 处可导，可设 $f'(z_0)=\alpha$，则由导数的定义知

$$\lim_{\Delta z\to 0,z_0+\Delta z\in D}\frac{f(z_0+\Delta z)-f(z_0)}{\Delta z}=\alpha.$$

于是当 $z_0+\Delta z\in D$ $(\Delta z\neq 0)$ 时，

$$f(z_0+\Delta z)-f(z_0)=\alpha\cdot\Delta z+o(\Delta z).$$

令 $\alpha=a+\mathrm{i}b,\Delta z=\Delta x+\mathrm{i}\Delta y,o(\Delta z)=o_{\mathrm{R}}(|\Delta z|)+\mathrm{i}o_{\mathrm{I}}(|\Delta z|)$，其中

$$o_{\mathrm{R}}(|\Delta z|)=\mathrm{Re}\ o(\Delta z),o_{\mathrm{I}}(|\Delta z|)=\mathrm{Im}\ o(\Delta z),$$

且

$$\lim_{\Delta z\to 0}\frac{o_{\mathrm{R}}(|\Delta z|)}{|\Delta z|}=\lim_{\Delta z\to 0}\frac{o_{\mathrm{I}}(|\Delta z|)}{|\Delta z|}=0,$$

则

$$f(z_0+\Delta z)-f(z_0)=(a+\mathrm{i}b)(\Delta x+\mathrm{i}\Delta y)+o_{\mathrm{R}}(|\Delta z|)+\mathrm{i}o_{\mathrm{I}}(|\Delta z|)(|\Delta z|\to 0),$$

比较上式两端的实部与虚部，得

$$u(x_0+\Delta x,y_0+\Delta y)-u(x_0,y_0)=a\Delta x-b\Delta y+o_{\mathrm{R}}(|\Delta z|)(\Delta z\to 0),$$
$$v(x_0+\Delta x,y_0+\Delta y)-v(x_0,y_0)=b\Delta x+a\Delta y+o_{\mathrm{I}}(|\Delta z|)(\Delta z\to 0).$$

所以在 (x_0,y_0) 处，函数 $u(x,y)$ 及 $v(x,y)$ 都可微，且满足

$$\frac{\partial u}{\partial x}=a,\frac{\partial u}{\partial y}=-b,\frac{\partial v}{\partial x}=b,\frac{\partial v}{\partial y}=a.$$

由此可推出式(2.2)，即必要性得证.

充分性 将以上过程逆推可证明充分性.

推论 2.1

在定理 2.1 的条件下，函数 $f(z)$ 在点 $z=x+\mathrm{i}y$ 处的导数为

$$f'(z)=\frac{\partial u}{\partial x}+\mathrm{i}\frac{\partial v}{\partial x}=\frac{\partial v}{\partial y}-\mathrm{i}\frac{\partial u}{\partial y}. \tag{2.3}$$

定理 2.2

函数 $f(z)=u(x,y)+\mathrm{i}v(x,y)$ 在其定义域 D 内解析的充要条件是：函数 $u(x,y)$ 与 $v(x,y)$ 在 D 内可微，并满足柯西-黎曼方程.

由高等数学知识知：在 D 内具有一阶连续偏导数的二元实变函数在 D 内是可微的，从而又得到一个便于判断函数在区域 D 内解析的充分条件：

推论 2.2

设函数 $u(x,y)$ 与 $v(x,y)$ 在区域 D 内具有一阶连续偏导数，并满足柯西-黎曼方程，则函数 $f(z)=u(x,y)+\mathrm{i}v(x,y)(z=x+\mathrm{i}y)$ 在区域 D 内解析.

这两个定理及其推论是本章的主要结论，它们不但提供了判定函数 $f(z)$ 在某点处是否可导、在某区域内是否解析的常用方法，而且给出了一个简洁的求导公式(2.3). 是否满足柯西-黎曼方程是定理中的主要条件. 其中推论 2.2 是判定复变函数解析的**"最好用"**的条件.

例 2.4 讨论下列函数的可导性与解析性：

(1) $f(z)=\mathrm{Im}\,z$；　　(2) $f(z)=|z|^2z$.

解 (1)设 $z=x+\mathrm{i}y$，则 $f(z)=\mathrm{Im}\,z=y$. 显然 $u(x,y)=y$，$v(x,y)=0$ 都在复平面上可微. 但是

$$\frac{\partial u}{\partial x}=0,\frac{\partial u}{\partial y}=1,\frac{\partial v}{\partial x}=0,\frac{\partial v}{\partial y}=0,$$

因此，$u(x,y)$，$v(x,y)$ 在复平面上不满足柯西-黎曼方程，所以 $f(z)=\mathrm{Im}\,z$ 在复平面上处处不可导、处处不解析.

(2)设 $z=x+\mathrm{i}y$，则

$$f(z)=(x^2+y^2)x+\mathrm{i}(x^2+y^2)y.$$

易得

$$u(x,y)=(x^2+y^2)x,v(x,y)=(x^2+y^2)y$$

都在复平面上可微，且

$$\frac{\partial u}{\partial x}=3x^2+y^2,\frac{\partial u}{\partial y}=2xy,\frac{\partial v}{\partial x}=2xy,\frac{\partial v}{\partial y}=x^2+3y^2.$$

显然四个一阶偏导数在复平面上处处连续. 解柯西-黎曼方程 $3x^2+y^2=x^2+3y^2$，$2xy=-2xy$，得其解为 $x=0$ 且 $y=0$，也就是说 $f(z)=|z|^2z$ 仅在 $z=0$ 处可导，在整个复平面上处处不解析.

例 2.5 证明：$f(z)=\mathrm{e}^x(\cos y+\mathrm{i}\sin y)$ 在复平面上处处解析，且 $f'(z)=f(z)$.

证 因为 $u(x,y)=\mathrm{e}^x\cos y$，$v(x,y)=\mathrm{e}^x\sin y$，所以

$$\frac{\partial u}{\partial x}=\mathrm{e}^x\cos y,\frac{\partial u}{\partial y}=-\mathrm{e}^x\sin y,\frac{\partial v}{\partial x}=\mathrm{e}^x\sin y,\frac{\partial v}{\partial y}=\mathrm{e}^x\cos y.$$

可得 $u(x,y)$，$v(x,y)$ 都在复平面上可微，且在每一点处都满足柯西-黎曼方程. 所以 $f(z)$ 在复平面上解析，且由式(2.3)，得

$$f'(z)=\mathrm{e}^x(\cos y+\mathrm{i}\sin y)=f(z).$$

例 2.6 证明：若 $f(z)$ 在区域 D 内解析，且 $|f(z)|$ 为常数，则 $f(z)$ 在区域 D 内为常数.

证 设 $f(z)=u+\mathrm{i}v$，则 $|f(z)|^2=u^2+v^2\equiv$常数，对此式分别求关于 x，y 的一阶偏导数，得

$$u\frac{\partial u}{\partial x}+v\frac{\partial v}{\partial x}=0, u\frac{\partial u}{\partial y}+v\frac{\partial v}{\partial y}=0.$$

由柯西-黎曼方程得

$$u\frac{\partial u}{\partial x}-v\frac{\partial u}{\partial y}=0, v\frac{\partial u}{\partial x}+u\frac{\partial u}{\partial y}=0.$$

所以

$$(u^2+v^2)\frac{\partial u}{\partial x}=0,\quad (u^2+v^2)\frac{\partial u}{\partial y}=0.$$

当 $u^2+v^2=0$ 时，$u=v=0$，故 $f(z)=0$，符合题中结论.

当 $u^2+v^2\neq 0$ 时，$\frac{\partial u}{\partial x}=\frac{\partial u}{\partial y}=0$，从而$\frac{\partial v}{\partial x}=\frac{\partial v}{\partial y}=0$，所以 u，v 在区域 D 内均为常数. 因而 $f(z)$在区域 D 内为常数.

§2.3 初等函数

实数域中初等函数为常用的函数，本节将其拓展到复数域中来，研究复变初等函数保持了实变初等函数的哪些性质，以及产生了哪些新的性质.

2.3.1 指数函数

定义 2.5 对于复数 $z=x+\mathrm{i}y$，定义复变指数函数为

$$\mathrm{e}^z=\mathrm{e}^{x+\mathrm{i}y}=\mathrm{e}^x(\cos y+\mathrm{i}\sin y), \tag{2.4}$$

e^z 也可用记号 $\exp z$ 表示.

复变指数函数的性质如下.

(1) e^z 在复平面上解析，且 $(\mathrm{e}^z)'=\mathrm{e}^z$.

(2)满足**加法定理**，即 $\forall z_1, z_2\in\mathbb{C}$，有

$$\mathrm{e}^{z_1}\cdot\mathrm{e}^{z_2}=\mathrm{e}^{z_1+z_2},$$

事实上，设 $z_1=x_1+\mathrm{i}y_1$，$z_2=x_2+\mathrm{i}y_2$，按定义，有

$$\begin{aligned}\mathrm{e}^{z_1}\cdot\mathrm{e}^{z_2}&=\mathrm{e}^{x_1}(\cos y_1+\mathrm{i}\sin y_1)\cdot\mathrm{e}^{x_2}(\cos y_2+\mathrm{i}\sin y_2)\\&=\mathrm{e}^{x_1+x_2}[(\cos y_1\cos y_2-\sin y_1\sin y_2)+\mathrm{i}(\sin y_1\cos y_2+\cos y_1\sin y_2)]\\&=\mathrm{e}^{x_1+x_2}[\cos(y_1+y_2)+\mathrm{i}\sin(y_1+y_2)]=\mathrm{e}^{z_1+z_2}.\end{aligned}$$

(3) e^z 是以 $2\pi\mathrm{i}$ 为基本周期的周期函数，事实上，由加法定理，有

$$\mathrm{e}^{z+2k\pi\mathrm{i}}=\mathrm{e}^z\cdot\mathrm{e}^{2k\pi\mathrm{i}}=\mathrm{e}^z(\cos 2k\pi+\mathrm{i}\sin 2k\pi)=\mathrm{e}^z\ (k\in\mathbb{Z}).$$

(4)当 $\mathrm{Re}\, z=x=0$ 时，则 $\mathrm{e}^z=\mathrm{e}^{\mathrm{i}y}=\cos y+\mathrm{i}\sin y$，此即**欧拉公式**.

复变指数函数的模与辐角：对于任意的 $z\in\mathbb{C}$，$\mathrm{e}^z\neq 0$，有

$$|\mathrm{e}^z|=\mathrm{e}^x=\mathrm{e}^{\mathrm{Re}\, z}>0, \mathrm{Arg}\,\mathrm{e}^z=y+2k\pi=\mathrm{Im}\, z+2k\pi\ (k\in\mathbb{Z}).$$

2.3.2 对数函数

定义 2.6 和实变对数函数一样，规定对数函数是指数函数的反函数，由

$$e^{w}=z\,(z\neq 0)$$

得 $w=f(z)$，称之为复变对数函数，记作 $w=\mathrm{Ln}\,z$.

为求得复变对数函数的表达式，令 $w=u+\mathrm{i}v$，则

$$e^{u+\mathrm{i}v}=e^{u}e^{\mathrm{i}v}=|z|e^{\mathrm{i}\,\mathrm{Arg}\,z},$$

显然，$u=\ln|z|$，$v=\mathrm{Arg}\,z$，从而

$$w=\mathrm{Ln}\,z=u+\mathrm{i}v=\ln|z|+\mathrm{i}\mathrm{Arg}\,z. \tag{2.5}$$

由于 $\mathrm{Arg}\,z$ 是多值函数，所以复变对数函数 $\mathrm{Ln}\,z$ 也是多值函数. $\mathrm{Arg}\,z$ 取主值 $\arg z(-\pi<\arg z\leqslant\pi)$ 时对应的 w 值称为 $\mathrm{Ln}\,z$ 的主值，记作

$$\ln z=\ln|z|+\mathrm{i}\arg z. \tag{2.6}$$

这样复变对数函数可表示为

$$\mathrm{Ln}\,z=\ln z+2k\pi\mathrm{i}=\ln|z|+\mathrm{i}\arg z+2k\pi\mathrm{i}(k\in\mathbb{Z}). \tag{2.7}$$

对于每一个确定的 k，对应的 w 为一个单值函数，称为 $\mathrm{Ln}\,z$ 的一个分支.

例 2.7 计算 $\mathrm{Ln}\,3$，$\mathrm{Ln}(-1)$，$\mathrm{Ln}(2-3\mathrm{i})$的值.

解 $\mathrm{Ln}\,3=\ln 3+2k\pi\mathrm{i}(k\in\mathbb{Z})$.

$\mathrm{Ln}\,(-1)=\ln(-1)+2k\pi\mathrm{i}=\ln|-1|+\pi\mathrm{i}+2k\pi\mathrm{i}=(2k+1)\pi\mathrm{i}(k\in\mathbb{Z})$.

$\mathrm{Ln}\,(2-3\mathrm{i})=\ln|2-3\mathrm{i}|-\mathrm{i}\arctan\dfrac{3}{2}+2k\pi\mathrm{i}=\dfrac{1}{2}\ln 13+\mathrm{i}\left(2k\pi-\arctan\dfrac{3}{2}\right)(k\in\mathbb{Z})$.

由本例可以看出，实数域中的“负数无对数”，这个结论在复数域中不成立，并且正实数的对数也是有无穷多值的. 可见，复变对数函数是实变对数函数在复数域中的推广.

复变对数函数的性质如下.

(1)**运算性质**：

$$\mathrm{Ln}\,(z_1z_2)=\mathrm{Ln}\,z_1+\mathrm{Ln}\,z_2,\ \mathrm{Ln}\left(\frac{z_1}{z_2}\right)=\mathrm{Ln}\,z_1-\mathrm{Ln}\,z_2,$$

其中 $z_1,z_2\neq 0$. 这两个式子应这样理解：对于等式左端的多值函数的任意一个值，等式右端的两个多值函数一定各有一个适当的值与之对应，即等式两端可能取值的数的全体是相同的.

(2)**解析性**：考虑主值 $\ln z=\ln|z|+\mathrm{i}\arg z$，其实部 $\ln|z|$ 在原点无意义，除原点外处处连续；虚部 $\arg z$ 在原点和负实轴上不连续(事实上，设 $z=x+\mathrm{i}y$，当 $x<0$ 时，$\lim\limits_{y\to 0^-}\arg z=-\pi$，$\lim\limits_{y\to 0^+}\arg z=\pi$，故 $\arg z$ 在原点和负实轴上不连续). 因此，$\ln z$ 在除原点和负实轴外的复平面上处处连续. $z=e^{w}$ 在 $-\pi<\arg z<\pi$ 内的反函数 $w=\ln z$ 是单值的. 利用反函数的求导法则可得

$$\frac{\mathrm{d}(\ln z)}{\mathrm{d}z}=\frac{\mathrm{d}w}{\mathrm{d}z}=\frac{1}{\dfrac{\mathrm{d}z}{\mathrm{d}w}}=\frac{1}{\dfrac{\mathrm{d}(e^{w})}{\mathrm{d}w}}=\frac{1}{e^{w}}=\frac{1}{z}.$$

因此,$\ln z$ 在复平面上除原点和负实轴外处处解析.而且由 $\text{Ln}\, z=\ln z+2k\pi i$ 知 $\text{Ln}\, z$ 的各个分支在复平面上除原点和负实轴外也是处处解析的,且有一样的导数.

2.3.3 幂函数

定义 2.7 函数 $w=z^a=e^{a\,\text{Ln}\, z}(z\neq 0,a$ 为复常数)称为 z 的复变幂函数.

当 a 为正整数 n 时 $w=z^n$,当 a 为分数 $\frac{1}{n}$(n 正整数)时 $w=z^{\frac{1}{n}}=\sqrt[n]{z}$,即为通常的幂函数.

对于幂函数 z^n,$z^n=e^{n\text{Ln}\, z}=e^{n\ln z+2nk\pi i}=e^{n\ln z}$,显然它是复平面上的单值解析函数.

而对于幂函数 $\sqrt[n]{z}=e^{\frac{1}{n}\text{Ln}\, z}$,由于对数函数是多值函数且各个分支在除原点和负实轴外的复平面上是解析的,所以幂函数 $\sqrt[n]{z}$ 也是多值函数,于是

$$\sqrt[n]{z}=e^{\frac{1}{n}(\ln|z|+i\arg z+2k\pi i)}=e^{\frac{\ln|z|}{n}+i\frac{\arg z}{n}+i\frac{2k\pi}{n}}=\sqrt[n]{|z|}\cdot e^{i\frac{\arg z+2k\pi}{n}},\quad k=0,1,2,\cdots,n-1,$$

对于每个确定的 k,上式对应着 $\sqrt[n]{z}$ 的一个分支. $\sqrt[n]{z}$ 的各个分支在除原点和负实轴外的复平面上也是解析的,并且具有相同的导数 $\frac{1}{n}z^{\frac{1}{n}-1}$.

一般的幂函数 $w=z^a$ 也是多值函数,并且其各个分支在除原点和负实轴外的复平面上也是解析的.

若一般的幂函数 $w=z^a$ 的底数 z 为一确定复常数 b ($b\neq 0$),则 $b^a=e^{a\,\text{Ln}\, b}$ 称为乘幂.因为 $\text{Ln}\, b=\ln|b|+i\arg b+2k\pi i$,所以乘幂 b^a 也是多值的.

例 2.8 求下列各值:

(1)i^i; (2)$(-2)^{\sqrt{2}}$; (3)$(1+i)^{1-i}$.

解 (1)

$$\begin{aligned} i^i&=\exp(i\cdot\text{Ln}\, i)\\ &=\exp\left\{i\left[\ln 1+i\left(\frac{\pi}{2}+2k\pi\right)\right]\right\}\\ &=\exp\left[-\left(\frac{\pi}{2}+2k\pi\right)\right],\end{aligned}$$

其中 $k\in\mathbb{Z}$.

(2)

$$\begin{aligned}(-2)^{\sqrt{2}}&=\exp\left[\sqrt{2}\,\text{Ln}\,(-2)\right]\\ &=\exp\left\{\sqrt{2}\left[\ln 2+i(\pi+2k\pi)\right]\right\}\\ &=\exp\left\{\sqrt{2}\left[\ln 2+i(2k+1)\pi\right]\right\}\\ &=2^{\sqrt{2}}\left[\cos\sqrt{2}(2k+1)\pi+i\sin\sqrt{2}(2k+1)\pi\right],\end{aligned}$$

其中 $k\in\mathbb{Z}$.

(3)

$$\begin{aligned}(1+i)^{1-i}&=\exp\left[(1-i)\text{Ln}\,(1+i)\right]\\ &=\exp\left[\left(\ln\sqrt{2}+\frac{\pi}{4}+2k\pi\right)+i\left(\frac{\pi}{4}+2k\pi-\ln\sqrt{2}\right)\right]\\ &=\sqrt{2}\exp\left(\frac{\pi}{4}+2k\pi\right)\left[\cos\left(\frac{\pi}{4}-\ln\sqrt{2}\right)+i\sin\left(\frac{\pi}{4}-\ln\sqrt{2}\right)\right],\end{aligned}$$

其中 $k\in\mathbb{Z}$.

2.3.4 三角函数与反三角函数

由欧拉公式

$$e^{iy}=\cos y+i\sin y, e^{-iy}=\cos y-i\sin y$$

可得

$$\cos y=\frac{e^{iy}+e^{-iy}}{2}, \sin y=\frac{e^{iy}-e^{-iy}}{2i},$$

上两式对任何实数 y 都成立. 现将正弦函数、余弦函数的定义推广到自变量取复数的情况.

定义 2.8 规定

$$\cos z=\frac{e^{iz}+e^{-iz}}{2}, \sin z=\frac{e^{iz}-e^{-iz}}{2i},$$

上两式分别称为 z 的余弦函数与正弦函数.

正弦函数与余弦函数具有如下性质.

(1)(**周期性**) $\sin z$ 与 $\cos z$ 是以 2π 为基本周期的周期函数. 因为

$$\sin(z+2\pi)=\frac{e^{i(z+2\pi)}-e^{-i(z+2\pi)}}{2i}=\frac{e^{iz+2\pi i}-e^{-iz-2\pi i}}{2i}=\frac{e^{iz}-e^{-iz}}{2i}=\sin z,$$

类似地可以证明 $\cos(z+2\pi)=\cos z$.

(2)(**奇偶性**) $\sin z$ 为奇函数, $\cos z$ 为偶函数, 因为

$$\sin(-z)=-\frac{e^{iz}-e^{-iz}}{2i}=-\sin z, \cos(-z)=\frac{e^{iz}+e^{-iz}}{2}=\cos z.$$

(3)满足**欧拉公式**, 即

$$e^{iz}=\cos z+i\sin z.$$

(4)满足关于正弦、余弦函数的一些**三角恒等式**, 即

$$\sin(z_1\pm z_2)=\sin z_1\cos z_2\pm\cos z_1\sin z_2,$$

$$\cos(z_1\pm z_2)=\cos z_1\cos z_2\mp\sin z_1\sin z_2,$$

$$\sin^2 z+\cos^2 z=1,$$

$$\sin 2z=2\sin z\cos z,$$

$$\cos 2z=\cos^2 z-\sin^2 z.$$

(5)(**解析性**) $\sin z$ 与 $\cos z$ 在复平面上处处解析, 且

$$(\cos z)'=-\sin z, (\sin z)'=\cos z.$$

(6)(**无界性**) 复变函数 $\sin z$, $\cos z$ 在复平面上是无界函数.

事实上, 若取 $z=iy\ (y>0)$, 则

$$\cos(iy)=\frac{e^{i(iy)}+e^{-i(iy)}}{2}=\frac{e^{-y}+e^{y}}{2}.$$

只要 y 充分大, $|\cos iy|$ 就可以大于一个预先给定的正数.

其他三角函数定义如下：

$$\sec z=\frac{1}{\cos z},\qquad \csc z=\frac{1}{\sin z},$$

$$\tan z=\frac{\sin z}{\cos z},\qquad \cot z=\frac{\cos z}{\sin z}.$$

定义 2.9 如果 $\cos w=z$，则称 w 为复数 z 的反余弦函数，记作 $w=\mathrm{Arccos}\, z$.

已知 $z=\cos w=\dfrac{e^{iw}+e^{-iw}}{2}$，两端同乘以 $2e^{iw}$，得 $e^{2iw}+1=2ze^{iw}$，即

$$(e^{2iw})^2-2ze^{iw}+1=0,$$

解得

$$e^{iw}=z+\sqrt{z^2-1}.$$

对上式两端取对数，得 $w=-i\,\mathrm{Ln}(z+\sqrt{z^2-1})$，即

$$\mathrm{Arccos}\, z=-i\,\mathrm{Ln}(z+\sqrt{z^2-1}).$$

重复上述步骤，可以推出反正弦函数和反正切函数的表达式如下：

$$\mathrm{Arcsin}\, z=-i\,\mathrm{Ln}(iz+\sqrt{1-z^2}),$$

$$\mathrm{Arctan}\, z=-\frac{i}{2}\mathrm{Ln}\,\frac{1+iz}{1-iz}.$$

本章小结

本章介绍了复变函数可导和可微的概念，以及解析函数和复变初等函数的概念.

(1) 复变函数的导数定义在形式上与一元实变函数的导数定义相似，因此，复变函数具有与实变函数类似的求导公式、求导法则，它们的可导与可微的关系、可导与连续的关系也类似，其区别主要在可导定义中的极限要求，复变函数在一点处可导的要求比一元实变函数的要高.

(2) 解析函数是复变函数的主要研究对象，应当注意的是解析与可导的区别与联系，对一个区域而言，函数解析与可导是一回事，但对一个点而言，解析就比可导的要求高得多.

(3) 复变初等函数是实变初等函数在复数域的推广，它既保持了实变初等函数的一些性质，又有一些不同的性质. 复变指数函数在复平面上处处解析，它具有与实变指数函数相同的性质，如满足加法定理，但周期为 $2\pi i$，这与实变指数函数不同；实变指数函数 e^x 可以看成 e 的 x 次幂，但在复变指数函数中 e^z 仅仅是一个记号，而不再有幂的含义. 复变对数函数是一个多值函数，它在除原点与负实轴外的复平面上处处解析，它保持了实变对数函数的某些性质. 对于复变幂函数，其除复变整幂函数外都是多值函数，在除原点与负实轴外的复平面上处处解析；而复变整幂函数是单值函数，在复平面上处处解析. 复变三角函数在复平面上处处解析，保持了对应的实变函数的奇偶性、周期性，也满足类似的三角恒等式，但是不再具有有界性.

中国复分析专家

熊庆来(1893 年 10 月 20 日—1969 年 2 月 3 日)是我国老一辈杰出的数学家、教育家,一生为我国近代数学和教育事业呕心沥血,做出了不朽的贡献.他是中国现代数学的先驱,是我国函数论的主要开拓者之一.1933 年,他获得法国国家理科博士学位,这是我国科学家在国际上首次获得的此类最高学位.1934 年,熊庆来发表论文《关于无穷级整函数与亚纯函数》,其中定义的"无穷级函数",在国际上称为"熊氏无穷数",引进的无穷级被称为"熊氏无穷级",成为以后研究无穷级整函数与亚纯函数的有力工具.在正规族理论中,他从相应的基本不等式出发,消去余项中的所谓原始值,从而建立相应的正规定则;他关于消去原始值、建立正规定则的方法,卓有成效地解决了海曼教授搜集与提出的全纯和亚纯函数的新正规定则方面的大部分问题.熊庆来先后在《科学记录》《中国科学》《数学学报》《数学汇刊》等期刊上发表了 20 余篇具有世界水平的学术论文.熊庆来既是千里马又是伯乐,除自己在数学研究领域内攀登上高峰之外,他还着意提携后生,让后者站在自己的肩膀上攀上另一个数学高峰,为我国数学界开创了一种识才、爱才、育才的优良风气,他的慧眼卓识是我国科学家的典范.

习题 2

1. 判断下列函数在何处可导,并求出其导数:

(1) $(2z-1)^4$;　　(2) $\dfrac{2z}{z^2-1}$;

(3) $\dfrac{3z+5}{5z-1}$;　　(4) z^3+2iz.

2. 求下列函数的奇点:

(1) $\dfrac{1}{z^2-1}$;　　(2) $f(z)=x^3-y^3+2x^2y^2\mathrm{i}$.

3. 判断下列命题的真假.若真,请给予证明;若假,请举例说明.

(1) 如果 $f(z)$ 在点 z_0 处连续,那么 $f'(z)$ 存在.

(2) 如果 $f'(z)$ 存在,那么 $f(z)$ 在点 z_0 处解析.

(3) 如果 z_0 是 $f(z)$ 的奇点,那么 $f(z)$ 在点 z_0 处不可导.

(4) 如果 z_0 是 $f(z)$ 和 $g(z)$ 的一个奇点,那么 z_0 也是 $f(z)+g(z)$ 和 $f(z)/g(z)$ 的奇点.

(5) 如果 $u(x,y)$ 和 $v(x,y)$ 可导(指偏导数存在),那么 $f(z)=u+\mathrm{i}v$ 亦可导.

(6) 设 $f(z)=u+\mathrm{i}v$ 在区域 D 内是解析的,如果 u 是实常数,那么 $f(z)$ 在整个区域 D 内是常数;如果 v 是实常数,那么 $f(z)$ 在整个区域 D 内也是常数.

4. 判断下列函数的可导性与解析性：

(1) $z\operatorname{Im} z$；　　(2) $2x^3-3\mathrm{i}y^3$；

(3) $x^3+3x^2y\mathrm{i}-3xy^2-y^3\mathrm{i}$；　　(4) $\operatorname{Re} z$.

5. 设 $my^3+nx^2y+\mathrm{i}(x^3+lxy^2)$为解析函数，试确定 l,m,n 的值.

6. 证明：如果函数 $f(z)=u+\mathrm{i}v$ 在区域 D 内解析，并满足下列条件之一，那么 $f(z)$是常数.

(1) $f(z)$恒取实值；

(2) $\overline{f(z)}$在区域 D 内解析；

(3) $\arg f(z)$在区域 D 内是一个常数；

(4) $au+bv=c$，其中 a,b 与 c 为不全为零的实常数.

7. 设 $f(z)=\begin{cases}\dfrac{x^3-y^3+\mathrm{i}(x^3+y^3)}{x^2+y^2}, & z\neq 0,\\ 0, & z=0.\end{cases}$ 证明：

(1) $f(z)$在 $z=0$ 处连续；

(2) $f(z)$在 $z=0$ 处满足柯西-黎曼方程；

(3) $f'(0)$不存在.

8. 若 $f(z)$及 $g(z)$在点 z_0 处解析，且 $f(z_0)=g(z_0)=0$，$g'(z_0)\neq 0$. 证明：

$$\lim_{z\to z_0}\frac{f(z)}{g(z)}=\lim_{z\to z_0}\frac{f'(z)}{g'(z)}\text{（洛必达法则）}.$$

9. 如果 $f(z)=u+\mathrm{i}v$ 是 z 的解析函数，证明：

$$\left[\frac{\partial}{\partial x}|f(z)|\right]^2+\left[\frac{\partial}{\partial y}|f(z)|\right]^2=|f'(z)|^2.$$

10. 找出下列方程的全部解：

(1) $\sin z=1$；　　(2) $\mathrm{e}^z=3+4\mathrm{i}$；

(3) $\ln z=-\dfrac{\pi\mathrm{i}}{2}$.

11. 证明：

(1) 当 $y\to\infty$时，$|\sin(x+\mathrm{i}y)|$和$|\cos(x+\mathrm{i}y)|$趋于无穷大；

(2) 当 t 为复数时，$|\sin t|\leqslant 1$ 和$|\cos t|\leqslant 1$ 不成立.

12. 计算下列各值：

(1) $\mathrm{e}^{1+2\mathrm{i}}$；　　(2) $\mathrm{e}^{(2-\pi\mathrm{i})/4}$.

13. 求 $\operatorname{Ln}(-2+3\mathrm{i})$，$\operatorname{Ln}(3-\sqrt{3}\,\mathrm{i})$和它们的主值.

14. 试讨论函数 $f(z)=|z|+\operatorname{Ln} z$ 的连续性与可导性.

15. 说明下列等式是否正确：

(1) $\operatorname{Ln} z^2=2\operatorname{Ln} z$；　　(2) $\operatorname{Ln}\sqrt[2]{z}=\dfrac{1}{2}\operatorname{Ln} z$.

16. 计算下列各值：

(1) $(1+i)^{i}$；　　(2) $3^{\sqrt{5}}$；

(3) 1^{-i}；　　(4) $\left(\frac{1-i}{\sqrt{2}}\right)^{1+i}$.

17. 证明：当 $y\to+\infty$ 时，$|\sin(x+y)|$ 和 $|\cos(x+y)|$ 都趋于无穷大.

第3章 复变函数的积分

复变函数的积分(简称复积分)是研究解析函数的一个重要工具,解析函数的许多重要性质要利用复积分来证明.

本章先介绍复积分的定义、性质与基本计算方法,再研究柯西-古萨(Cauchy-Goursat)定理及其推广、柯西积分公式及其推论,最后介绍解析函数与调和函数的关系.柯西-古萨定理和柯西积分公式是复变函数的基本理论和基本公式,也是探讨解析函数性质的理论基础.

§3.1 复积分的概念

3.1.1 复积分的定义

定义 3.1 设 C 为复平面上一条光滑(或分段光滑)的有向曲线,起点为 A,终点为 B,函数 $w=f(z)$ 定义在曲线 C 上,把曲线 C 任意分成 n 个弧段,设分点为

$$A=z_0,z_1,z_2,\cdots,z_{k-1},z_k,\cdots,z_n=B.$$

在每个弧段 $\widehat{z_{k-1}z_k}(k=1,2,\cdots,n)$ 上任意取一点 ξ_k(见图 3.1),作和式

$$S_n=\sum_{k=1}^{n}f(\xi_k)(z_k-z_{k-1})=\sum_{k=1}^{n}f(\xi_k)\Delta z_k,$$

其中 $\Delta z_k=z_k-z_{k-1}$.记 Δs_k 为 $\widehat{z_{k-1}z_k}$ 的长度,$\delta=\max\limits_{1\leqslant k\leqslant n}\{\Delta s_k\}$.当 n 无限增加,且 δ 趋于零时,如果无论对 C 的分法及 ξ_k 的取法如何,S_n 都有唯一极限,那么称这极限为函数 $f(z)$ 沿曲线 C 的积分.

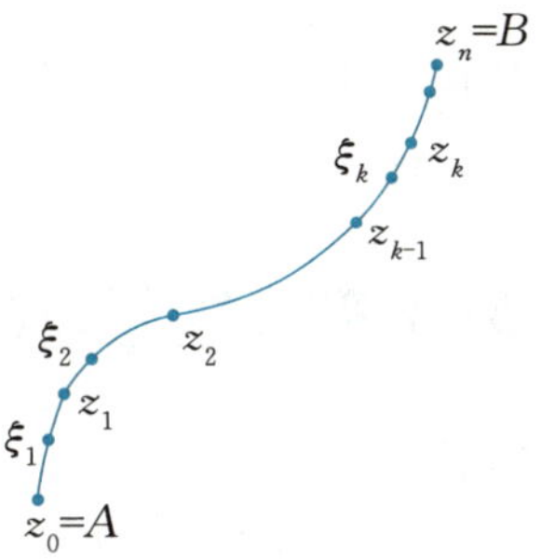

图 3.1

记作

$$\int_C f(z)\mathrm{d}z = \lim_{\delta\to 0}\sum_{k=1}^{n} f(\xi_k)\Delta z_k. \tag{3.1}$$

说明：(1)沿曲线 C 的正向(从 A 到 B)的积分记作 $\int_C f(z)\mathrm{d}z$；

(2)沿曲线 C 的负向(从 B 到 A)的积分记作 $\int_{C^-} f(z)\mathrm{d}z$；

(3)沿闭曲线 C 的积分记作 $\oint_C f(z)\mathrm{d}z$.

3.1.2 复积分的性质

性质 3.1(方向性)

$$\int_C f(z)\mathrm{d}z = -\int_{C^-} f(z)\mathrm{d}z.$$

性质 3.2(线性性)

$$\int_C [k_1 f(z) \pm k_2 g(z)]\,\mathrm{d}z = k_1\int_C f(z)\mathrm{d}z \pm k_2\int_C g(z)\mathrm{d}z \ (k_1, k_2 \text{ 是常数}).$$

性质 3.3(积分路径可加性) 如果 C 是由 $C_1, C_2, \cdots, C_n$ 等光滑曲线段依次相互连接所组成的分段光滑曲线，则

$$\int_C f(z)\mathrm{d}z = \int_{C_1} f(z)\mathrm{d}z + \int_{C_2} f(z)\mathrm{d}z + \cdots + \int_{C_n} f(z)\mathrm{d}z.$$

性质 3.4(积分估值不等式) 设曲线 C 的长度为 L，函数 $f(z)$在曲线 C 上可积且满足 $|f(z)|\leqslant M$，则

$$\left|\int_C f(z)\mathrm{d}z\right| \leqslant \int_C |f(z)|\,\mathrm{d}s \leqslant ML.$$

事实上，$|\Delta z_k|$为 z_k 与 z_{k-1} 两点之间的距离，Δs_k 为这两点之间的弧段的长度，所以

$$\left|\sum_{k=1}^{n} f(\xi_k)\Delta z_k\right| \leqslant \sum_{k=1}^{n} |f(\xi_k)\Delta z_k| \leqslant \sum_{k=1}^{n} |f(\xi_k)|\,\Delta s_k,$$

上式两端取极限，得

$$\left|\int_C f(z)\mathrm{d}z\right| \leqslant \int_C |f(z)|\,\mathrm{d}s.$$

又因为

$$\sum_{k=1}^{n} |f(\xi_k)|\,\Delta s_k \leqslant M\sum_{k=1}^{n}\Delta s_k = ML,$$

所以

$$\int_C |f(z)|\,\mathrm{d}s \leqslant ML.$$

3.1.3 复积分的存在条件与计算方法

定理 3.1

如果函数 $f(z)=u(x,y)+\mathrm{i}v(x,y)$沿简单光滑曲线 C 连续，则函数 $f(z)$沿曲线 C 可积，且

$$\int_C f(z)\mathrm{d}z=\int_C u\mathrm{d}x-v\mathrm{d}y+\mathrm{i}\int_C v\mathrm{d}x+u\mathrm{d}y. \tag{3.2}$$

证 设 $z_k=x_k+\mathrm{i}y_k$，$\zeta_k=\xi_k+\mathrm{i}\eta_k$，由复积分的定义，有

$$\begin{aligned}\sum_{k=1}^{n}f(\zeta_k)\Delta z_k&=\sum_{k=1}^{n}[u(\xi_k,\eta_k)+\mathrm{i}v(\xi_k,\eta_k)](\Delta x_k+\mathrm{i}\Delta y_k)\\&=\sum_{k=1}^{n}[u(\xi_k,\eta_k)\Delta x_k-v(\xi_k,\eta_k)\Delta y_k]\\&\quad+\mathrm{i}\sum_{k=1}^{n}[v(\xi_k,\eta_k)\Delta x_k+u(\xi_k,\eta_k)\Delta y_k].\end{aligned}$$

上式右端的两个和式的极限都是存在的. 因此有

$$\int_C f(z)\mathrm{d}z=\int_C u\mathrm{d}x-v\mathrm{d}y+\mathrm{i}\int_C v\mathrm{d}x+u\mathrm{d}y.$$

式(3.2)在形式上可以看作 $f(z)=u+\mathrm{i}v$ 与 $\mathrm{d}z=\mathrm{d}x+\mathrm{i}\mathrm{d}y$ 相乘后求积分得到：

$$\begin{aligned}\int_C f(z)\mathrm{d}z&=\int_C(u+\mathrm{i}v)(\mathrm{d}x+\mathrm{i}\mathrm{d}y)=\int_C u\mathrm{d}x+\mathrm{i}v\mathrm{d}x+\mathrm{i}u\mathrm{d}y-v\mathrm{d}y\\&=\int_C u\mathrm{d}x-v\mathrm{d}y+\mathrm{i}\int_C v\mathrm{d}x+u\mathrm{d}y.\end{aligned}$$

还可以用**参数方程法**计算复积分. 设简单光滑曲线 C 的参数方程为

$$z=z(t)=x(t)+\mathrm{i}y(t),\quad \alpha\leqslant t\leqslant\beta,$$

参数增加的方向为曲线 C 的正向，参数 α 及 β 对应于曲线 C 的起点 A 及终点 B，且 $z'(t)\neq 0$ $(\alpha<t<\beta)$. 根据线积分的计算方法，有

$$\begin{aligned}\int_C f(z)\mathrm{d}z&=\int_\alpha^\beta\{u[x(t),y(t)]x'(t)-v[x(t),y(t)]y'(t)\}\mathrm{d}t\\&\quad+\mathrm{i}\int_\alpha^\beta\{v[x(t),y(t)]x'(t)+u[x(t),y(t)]y'(t)\}\mathrm{d}t,\end{aligned}$$

上式右端可以写成

$$\int_\alpha^\beta\{u[x(t),y(t)]+\mathrm{i}v[x(t),y(t)]\}[x'(t)+\mathrm{i}y'(t)]\mathrm{d}t=\int_\alpha^\beta f[z(t)]z'(t)\mathrm{d}t,$$

所以

$$\int_C f(z)\mathrm{d}z=\int_\alpha^\beta f[z(t)]z'(t)\mathrm{d}t. \tag{3.3}$$

这样就将复积分转化为实变函数的定积分.

例 3.1 计算复积分 $\int_C z^2\mathrm{d}z$. 其中 C 分别为

(1) 从原点到点 $z_0=2+\mathrm{i}$ 的直线段 C_1；

(2) 从原点到点 $z_1=2$ 的直线段 C_2 与从点 $z_1=2$ 到点 $z_0=2+\mathrm{i}$ 的直线段 C_3 所组成的折线.

解 (1) 直线段 C_1 的参数方程为 $z=(2+\mathrm{i})t\,(0\leqslant t\leqslant 1)$，于是

$$\begin{aligned}I&=\int_{C_1}z^2\mathrm{d}z=\int_0^1(2+\mathrm{i})^2t^2(2+\mathrm{i})\mathrm{d}t\\&=(2+\mathrm{i})^3\cdot\frac{t^3}{3}\bigg|_0^1=\frac{1}{3}(2+11\mathrm{i}).\end{aligned}$$

(2)直线段 C_2 的参数方程为 $z=x(0\leqslant x\leqslant 2)$,直线段 C_3 的参数方程为 $z=2+\mathrm{i}y$ $(0\leqslant y\leqslant 1)$,于是

$$\begin{aligned}I&=\int_{C_2}z^2\mathrm{d}z+\int_{C_3}z^2\mathrm{d}z\\&=\int_0^2x^2\mathrm{d}x+\int_0^1(2+\mathrm{i}y)^2\mathrm{i}\mathrm{d}y=\frac{1}{3}(2+11\mathrm{i}).\end{aligned}$$

例 3.2 计算 $\oint_C\frac{\mathrm{d}z}{(z-z_0)^{n+1}}$,其中 C 为以 z_0 为圆心、r 为半径的正向圆周(见图 3.2),n 为整数.

解 圆周 C 的方程可写作

$$z=z_0+r\mathrm{e}^{\mathrm{i}\theta},0\leqslant\theta\leqslant 2\pi,$$

所以

$$\oint_C\frac{\mathrm{d}z}{(z-z_0)^{n+1}}=\int_0^{2\pi}\frac{\mathrm{i}r\mathrm{e}^{\mathrm{i}\theta}}{r^{n+1}\mathrm{e}^{\mathrm{i}(n+1)\theta}}\mathrm{d}\theta=\int_0^{2\pi}\frac{\mathrm{i}}{r^n\mathrm{e}^{\mathrm{i}n\theta}}\mathrm{d}\theta=\frac{\mathrm{i}}{r^n}\int_0^{2\pi}\mathrm{e}^{-\mathrm{i}n\theta}\mathrm{d}\theta.$$

当 $n=0$ 时,结果为 $\mathrm{i}\int_0^{2\pi}\mathrm{d}\theta=2\pi\mathrm{i}$;

当 $n\neq 0$ 时,结果为 $\frac{\mathrm{i}}{r^n}\int_0^{2\pi}(\cos n\theta-\mathrm{i}\sin n\theta)\mathrm{d}\theta=0$.

所以

$$\oint_{|z-z_0|=r}\frac{\mathrm{d}z}{(z-z_0)^{n+1}}=\begin{cases}2\pi\mathrm{i}, & n=0,\\0, & n\neq 0.\end{cases}$$

该积分的结果与积分路径圆周的圆心和半径无关,后面章节还要多次用到这个结果,务必记住这个结果.

例 3.3 计算 $\int_C\bar{z}\mathrm{d}z$ 的值,其中 C(见图 3.3)为

(1)从原点到点 $z_0=1+\mathrm{i}$ 的直线段 $C_1:z=(1+\mathrm{i})t,0\leqslant t\leqslant 1$;

(2)从原点到点 $z_1=1$ 的直线段 $C_2:z=t(0\leqslant t\leqslant 1)$与从点 z_1 到点 z_0 的直线段 C_3:$z=1+\mathrm{i}t(0\leqslant t\leqslant 1)$所组成的折线.

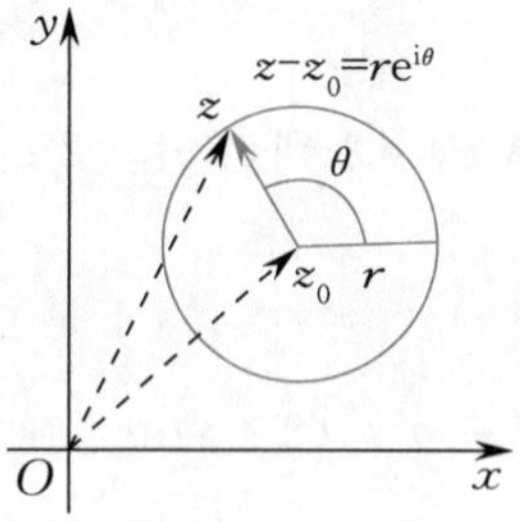

图 3.2

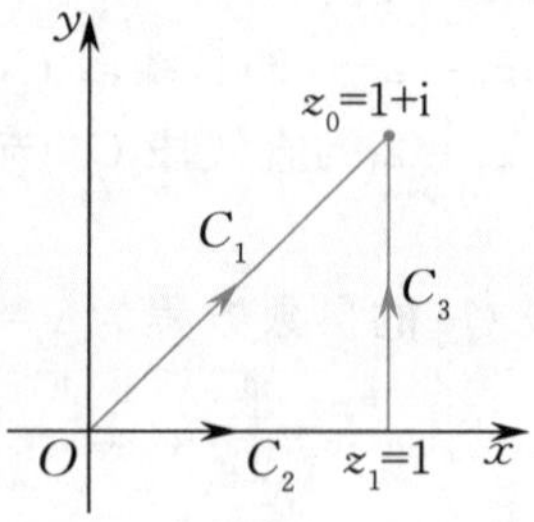

图 3.3

解 (1) $\int_C \bar{z}\mathrm{d}z = \int_0^1 (t-\mathrm{i}t)(1+\mathrm{i})\mathrm{d}t = \int_0^1 2t\,\mathrm{d}t = 1.$

(2) $\int_C \bar{z}\mathrm{d}z = \int_{C_2} \bar{z}\mathrm{d}z + \int_{C_3} \bar{z}\mathrm{d}z = \int_0^1 t\,\mathrm{d}t + \int_0^1 (1-\mathrm{i}t)\mathrm{i}\mathrm{d}t$

$= \frac{1}{2} + \left(\frac{1}{2}+\mathrm{i}\right) = 1+\mathrm{i}.$

§3.2 柯西-古萨定理及其推广

3.2.1 柯西-古萨定理

回忆上节的例子，例 3.1 中的被积函数 $f(z)=z^2$ 在复平面上处处解析，它沿起点及终点的任何路径的积分值都相同. 例 3.2 中的被积函数当 $n=0$ 时为 $\frac{1}{z-z_0}$，它在以 z_0 为圆心的圆周 C 的内部不是处处解析的，如在点 z_0 处不解析，而此时 $\oint_C \frac{1}{z-z_0}\mathrm{d}z = 2\pi\mathrm{i} \neq 0$. 如果把 z_0 除去，虽然在除去 z_0 的 C 的内部，函数是处处解析的，但是这个区域已经不是单连通区域了. 例 3.3 中的被积函数 $f(z)=\bar{z}$，在复平面上处处不解析，积分 $\int_C f(z)\mathrm{d}z$ 的值与路径有关. 由此可见，积分的值与路径无关，或沿闭曲线的积分值为零的条件，可能与被积函数的解析性及区域的单连通性有关. 究竟关系如何，不妨先在加强条件下做些初步探讨.

假设函数 $f(z)=u+\mathrm{i}v$ 在单连通区域 D 内处处解析，且 $f'(z)$ 在区域 D 内连续. 则

$$\oint_C f(z)\mathrm{d}z = \oint_C u\mathrm{d}x - v\mathrm{d}y + \mathrm{i}\oint_C v\mathrm{d}x + u\mathrm{d}y,$$

其中 C 为区域 D 内任意一条简单闭曲线. 由格林公式与柯西-黎曼方程(曲线 C 取正向)得

$$\oint_C u\mathrm{d}x - v\mathrm{d}y = \iint_B (-v_x - u_y)\mathrm{d}\sigma = 0,$$

$$\oint_C v\mathrm{d}x + u\mathrm{d}y = \iint_B (u_x - v_y)\mathrm{d}\sigma = 0,$$

其中 B 是曲线 C 所围的区域. 因此，在上面的假设下，函数 $f(z)$ 沿区域 D 内任意一条闭曲线的积分为零. 1825 年，柯西证明了这个结论. 后来经过进一步研究，古萨于 1900 年证明可以去掉条件“$f'(z)$ 在区域 D 内连续”，得到了如下解析函数理论中最基本的定理.

定理 3.2 (柯西-古萨定理)

如果函数 $f(z)$ 在单连通区域 D 内处处解析，那么函数 $f(z)$ 沿区域 D 内的任何一条闭曲线 C (见图 3.4) 的积分都为零，即

$$\oint_C f(z)\mathrm{d}z = 0. \tag{3.4}$$

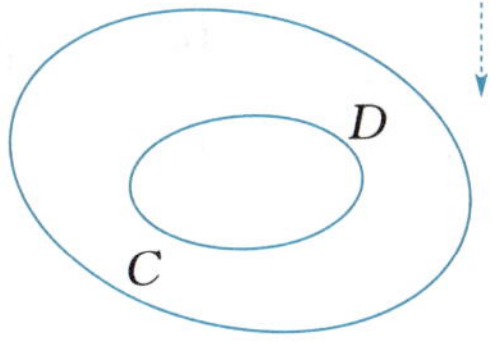

图 3.4

由柯西-古萨定理可以得到如下两个推论.

推论 3.1

定理 3.2 成立的条件之一是曲线 C 要属于区域 D. 如果曲线 C 是区域 D 的边界,函数 $f(z)$ 在区域 D 内与 C 上解析,即在闭区域 $\overline{D}=D+C$ 上解析,那么

$$\oint_C f(z)\mathrm{d}z=0.$$

不仅如此,还可以证明:

推论 3.2

如果曲线 C 是区域 D 的边界,函数 $f(z)$ 在 D 内解析,在闭区域 $\overline{D}$ 上连续,那么定理 3.2 还是成立的.

3.2.2 柯西-古萨定理的推广

柯西-古萨定理是解析函数理论中非常重要的基本定理,然而此定理对区域的单连通要求限制了它的应用,因此有必要把它推广到多连通的情况.

假设 C 及 C_1 为区域 D 内的任意两条(正向为逆时针方向)简单闭曲线,C_1 在 C 的内部,而且以 C 及 C_1 为边界的区域 D_1 全含于 D. 作两条不相交的弧段,它们依次连接 C 上某一点 A、C_1 上的一点 A',以及 C_1 上某一点 B'(异于 A')、C 上的一点 B,而且此两弧段除它们的端点外全含于 D_1. 这样就使得 $AEBB'E'A'A$ 及 $AA'F'B'BFA$ 为两条全在 D 内的简单闭曲线,它们的内部全含于 D(见图 3.5). 于是

$$\oint_{AEBB'E'A'A} f(z)\mathrm{d}z=0,\ \oint_{AA'F'B'BFA} f(z)\mathrm{d}z=0.$$

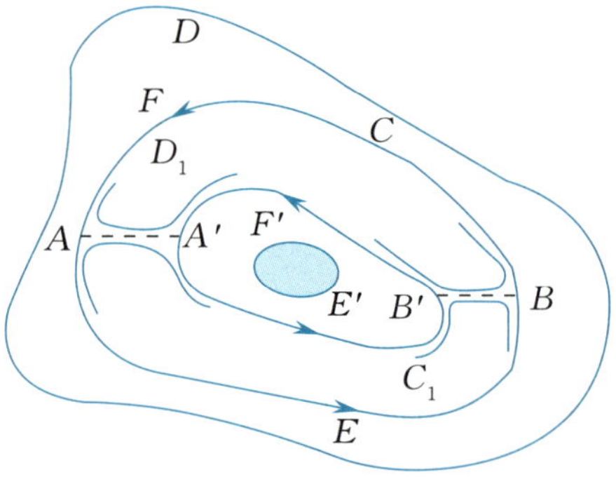

图 3.5

将上面两式相加,得

$$\int_C f(z)\mathrm{d}z+\int_{C_1^-} f(z)\mathrm{d}z+\int_{\widehat{AA'}} f(z)\mathrm{d}z+\int_{\widehat{A'A}} f(z)\mathrm{d}z+\int_{\widehat{B'B}} f(z)\mathrm{d}z+\int_{\widehat{BB'}} f(z)\mathrm{d}z=0,$$

即
$$\oint_C f(z)\mathrm{d}z+\oint_{C_1^-} f(z)\mathrm{d}z=0, \tag{3.5}$$

或
$$\oint_C f(z)\mathrm{d}z=\oint_{C_1} f(z)\mathrm{d}z. \tag{3.6}$$

定理 3.3 (闭路变形原理)

如果把如上两条简单闭曲线 C 及 C_1^- 看成一条复合闭路 Γ，它的正向为外面的闭曲线 C 按逆时针方向进行，内部的闭曲线 C_1^- 按顺时针方向进行，那么

$$\oint_{\Gamma} f(z)\mathrm{d}z = 0.$$

定理 3.3 说明，在区域内的一个解析函数沿闭曲线的积分，不因闭曲线在区域内作连续变形而改变它的值，只要在变形过程中曲线不经过函数 $f(z)$ 不解析的点.

还可以将上述结果推广到 Γ 为 C 及 C 内多条简单闭曲线所组成的所谓复合闭路的情形，得到以下定理.

定理 3.4 (复合闭路定理)

设 C 为多连通区域 D 内的一条简单闭曲线，$C_1, C_2, \cdots, C_n$ 是在 C 内部的简单闭曲线，它们互不包含也互不相交，并且以 $C, C_1, C_2, \cdots, C_n$ 为边界的区域全含于 D（见图 3.6）. 如果函数 $f(z)$ 在 D 内解析，那么

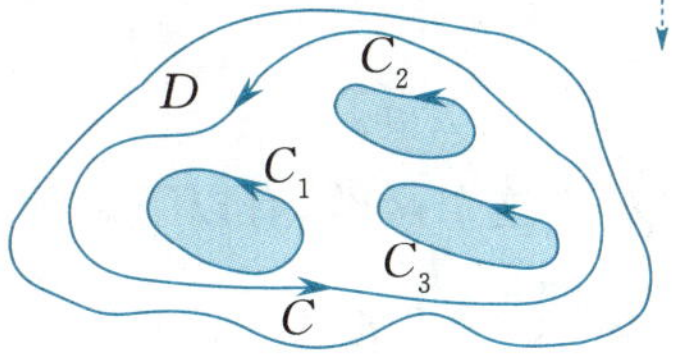

图 3.6

(1) $\displaystyle\int_C f(z)\mathrm{d}z = \sum_{k=1}^{n} \oint_{C_k} f(z)\mathrm{d}z$，其中 C 及 C_k 均取正方向；

(2) $\displaystyle\oint_{\Gamma} f(z)\mathrm{d}z = 0$，其中 Γ 为由 C 及 $C_k (k=1,2,\cdots,n)$ 所组成的复合闭路（其方向是 C 按逆时针方向进行，C_k 按顺时针方向进行）.

例 3.4 计算 $\displaystyle\oint_{\Gamma} \frac{2(z+1)}{z^2+2z}\mathrm{d}z$ 的值，Γ 为包含圆周 $|z|=2$ 在内的任意正向简单闭曲线.

解 函数 $\dfrac{2(z+1)}{z^2+2z}$ 在复平面内除 $z=0$ 和 $z=-2$ 两个奇点外处处解析，由于 Γ 是包含圆周 $|z|=2$ 在内的任意正向简单闭曲线，因此它也包含这两个奇点. 在 Γ 内作两个互不包含也互不相交的正向圆周 C_1 与 C_2，C_1 只包含奇点 $z=0$，C_2 只包含奇点 $z=-2$（见图 3.7）. 那么根据复合闭路定理的(1)，得

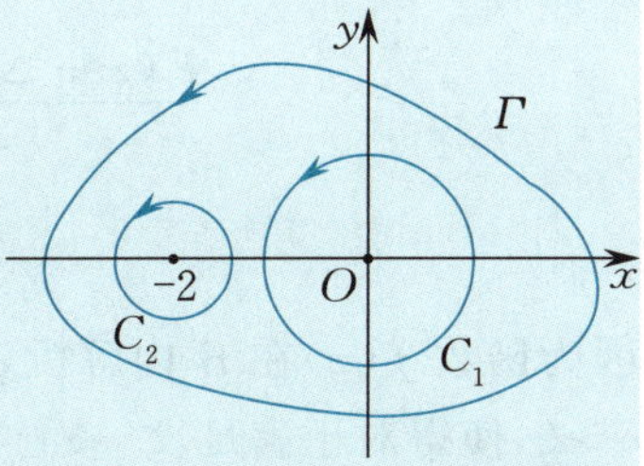

图 3.7

$$\begin{aligned}\oint_{\Gamma} \frac{2(z+1)}{z^2+2z}\mathrm{d}z &= \oint_{C_1} \frac{2(z+1)}{z^2+2z}\mathrm{d}z + \oint_{C_2} \frac{2(z+1)}{z^2+2z}\mathrm{d}z \\ &= \oint_{C_1} \frac{1}{z+2}\mathrm{d}z + \oint_{C_1} \frac{1}{z}\mathrm{d}z + \oint_{C_2} \frac{1}{z+2}\mathrm{d}z + \oint_{C_2} \frac{1}{z}\mathrm{d}z \\ &= 0 + 2\pi\mathrm{i} + 2\pi\mathrm{i} + 0 \\ &= 4\pi\mathrm{i}.\end{aligned}$$

由此例可见：借助复合闭路定理，可以将有些比较复杂的函数的积分化为比较简单的函数的积分来计算，这是计算积分常用的一种方法.

§3.3 原函数与不定积分

由函数沿闭曲线的积分为零及积分与路径无关是两个等价的概念可知，如果函数 $f(z)$ 在单连通区域 B 内处处解析，那么积分 $\int_C f(z)\mathrm{d}z$ 只与起点 z_0 及终点 z_1 有关，与路径 C 无关. 即

$$\int_{C_1} f(z)\mathrm{d}z = \int_{C_2} f(z)\mathrm{d}z = \int_{z_0}^{z_1} f(z)\mathrm{d}z.$$

固定 z_0，让 z_1 在 B 内变动，并令 $z_1 = z$，则积分 $\int_{z_0}^{z} f(\zeta)\mathrm{d}\zeta$ 在 B 内确定了一个单值函数

$$F(z) = \int_{z_0}^{z} f(\zeta)\mathrm{d}\zeta. \tag{3.7}$$

对于这个函数，有以下定理.

定理 3.5

如果函数 $f(z)$ 在单连通区域 B 内处处解析，则函数 $F(z)$ 必在 B 内解析，并且 $F'(z) = f(z)$.

证 对于任意的 $z \in B$，取 $|\Delta z|$ 充分小，使得 $z + \Delta z \in B$，由于积分与路径无关，故

$$F(z+\Delta z) - F(z) = \int_{z_0}^{z+\Delta z} f(\zeta)\mathrm{d}\zeta - \int_{z_0}^{z} f(\zeta)\mathrm{d}\zeta = \int_{z}^{z+\Delta z} f(\zeta)\mathrm{d}\zeta.$$

又因

$$\int_{z}^{z+\Delta z} f(z)\mathrm{d}\zeta = f(z)\int_{z}^{z+\Delta z} \mathrm{d}\zeta = f(z)\Delta z,$$

从而有

$$\begin{aligned}\frac{F(z+\Delta z) - F(z)}{\Delta z} - f(z) &= \frac{1}{\Delta z}\int_{z}^{z+\Delta z} f(\zeta)\mathrm{d}\zeta - f(z) \\ &= \frac{1}{\Delta z}\int_{z}^{z+\Delta z} [f(\zeta) - f(z)]\,\mathrm{d}\zeta.\end{aligned}$$

因为函数 $f(z)$ 在 B 内解析，故其在 B 内连续. 因此对于任意给定的正数 $\varepsilon > 0$，总可找到一个 $\delta > 0$，使得对于满足 $|\zeta - z| < \delta$ 的一切 ζ，有

$$|f(\zeta) - f(z)| < \varepsilon.$$

由积分估值不等式，可得

$$\left|\frac{F(z+\Delta z) - F(z)}{\Delta z} - f(z)\right| = \frac{1}{|\Delta z|}\left|\int_{z}^{z+\Delta z} [f(\zeta) - f(z)]\,\mathrm{d}\zeta\right| \leqslant \frac{1}{|\Delta z|}\cdot\varepsilon\cdot|\Delta z| = \varepsilon,$$

这就是说

$$\lim_{\Delta z \to 0}\left|\frac{F(z+\Delta z) - F(z)}{\Delta z} - f(z)\right| = 0,$$

即

$$F'(z) = f(z).$$

与实变函数相似，复变函数也有原函数的概念及类似于牛顿-莱布尼茨公式的积分计算公式.

定义 3.2 如果函数 $\Phi(z)$ 在区域 B 内的导数等于 $f(z)$，则称 $\Phi(z)$ 为 $f(z)$ 在区域 B 内的一个原函数.

定理 3.5 表明 $F(z)=\int_{z_0}^{z} f(\zeta)\mathrm{d}\zeta$ 是 $f(z)$ 的一个原函数，那么 $f(z)$ 的原函数可以表示为 $F(z)+c$，c 为任意常数. 与在微积分学中一样，定义 $f(z)$ 的原函数的一般表达式 $F(z)+c$（其中 c 为任意常数）为 $f(z)$ 的不定积分，记作

$$\int f(z)\mathrm{d}z=F(z)+c.$$

利用任意两个原函数之差为一常数这一性质，可以推得与实变函数中的牛顿-莱布尼茨公式类似的解析函数的积分计算公式.

定理 3.6

如果函数 $f(z)$ 在单连通区域 B 内处处解析，$G(z)$ 为 $f(z)$ 的一个原函数，那么

$$\int_{z_0}^{z_1} f(z)\mathrm{d}z=G(z_1)-G(z_0), \tag{3.8}$$

其中 z_0, z_1 为 B 内任意给定的两点.

证 因为 $\int_{z_0}^{z} f(z)\mathrm{d}z$ 也是 $f(z)$ 的原函数，所以

$$\int_{z_0}^{z} f(z)\mathrm{d}z=G(z)+c.$$

当 $z=z_0$ 时，根据柯西-古萨定理，得 $c=-G(z_0)$. 因此

$$\int_{z_0}^{z} f(z)\mathrm{d}z=G(z)-G(z_0),$$

特别地，取 $z=z_1$，即得 $\int_{z_0}^{z_1} f(z)\mathrm{d}z=G(z_1)-G(z_0)$.

有了原函数、不定积分和积分计算公式(3.8)，就可用与微积分学中类似的方法去计算复变函数的积分.

例 3.5 求积分 $\int_0^{\mathrm{i}} z\sin z\mathrm{d}z$ 的值.

解 函数 $z\sin z$ 在全平面内解析，利用分部积分法容易求得它有一个原函数为 $-z\cos z+\sin z$. 所以

$$\int_0^{\mathrm{i}} z\cos z\mathrm{d}z=(-z\cos z+\sin z)\Big|_0^{\mathrm{i}}=-\mathrm{i}\cos\mathrm{i}+\sin\mathrm{i}=-\mathrm{i}\frac{\mathrm{e}^{-1}+\mathrm{e}}{2}+\frac{\mathrm{e}^{-1}-\mathrm{e}}{2\mathrm{i}}=-\frac{\mathrm{i}}{\mathrm{e}}.$$

例 3.6 计算复积分 $\int_1^{z}\frac{3}{t}\mathrm{d}t$ 的值，其中 $\frac{1}{z}$ 仅在 $-\pi<\arg z<\pi$ 范围内有意义.

解 由定义域可知除原点与复实轴外，$\frac{3}{t}$ 在复平面上解析. 将原函数 $\mathrm{Ln}\,z$ 取主值，则

$$\int_1^{z}\frac{3}{t}\mathrm{d}t=3\ln t\Big|_1^{z}=3(\ln z-\ln 1)=3(\ln|z|+\mathrm{i}\arg z).$$

§3.4 柯西积分公式

设 B 为一单连通区域，z_0 为 B 内一点. 如果函数 $f(z)$ 在 B 内解析，那么函数 $\frac{f(z)}{z-z_0}$ 在点 z_0 处不解析. 所以在 B 内沿围绕 z_0 的一条闭曲线 C 的积分 $\oint_C \frac{f(z)}{z-z_0}dz$ 一般不为零. 又根据闭路变形原理，这积分的值沿任何一条围绕 z_0 的简单闭曲线都是相同的. 既然沿围绕 z_0 的任何简单闭曲线的积分值都相同，那么就取以 z_0 为圆心、半径为 δ 的很小的圆周 $|z-z_0|=\delta$（取其正向）作为积分曲线 C. 由于函数 $f(z)$ 的连续性，函数 $f(z)$ 在 C 上的值将随着 δ 的缩小而逐渐接近于它在圆心 z_0 处的值 $f(z_0)$. 从而可猜想积分 $\oint_C \frac{f(z)}{z-z_0}dz$ 的值也将随着 δ 的缩小而接近于

$$f(z_0)\oint_C \frac{1}{z-z_0}dz = 2\pi i f(z_0),$$

即

$$\lim_{\delta\to 0}\oint_C \frac{f(z)}{z-z_0}dz = f(z_0)\lim_{\delta\to 0}\oint_C \frac{1}{z-z_0}dz = 2\pi i f(z_0).$$

于是有下面的定理.

定理 3.7（柯西积分公式）

如果函数 $f(z)$ 在区域 D 内处处解析，C 为 D 内的任意一条正向简单闭曲线，它的内部完全含于 D，z_0 为 C 内的任意一点，那么

$$f(z_0)=\frac{1}{2\pi i}\oint_C \frac{f(z)}{z-z_0}dz. \tag{3.9}$$

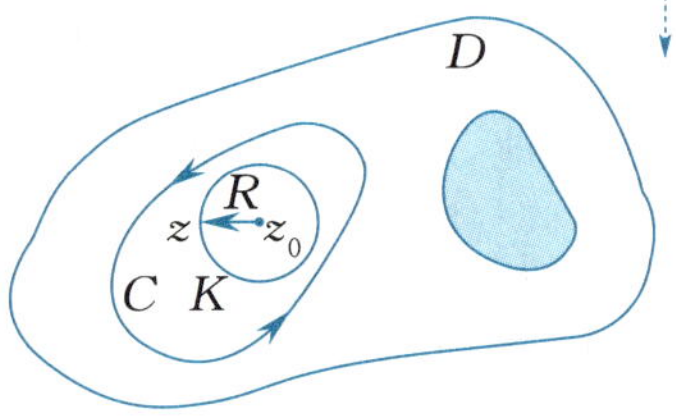

图 3.8

证 由于函数 $f(z)$ 在点 z_0 处连续，任意给定 $\varepsilon>0$，必存在一个 $\delta(\varepsilon)>0$，当 $|z-z_0|<\delta$ 时，$|f(z)-f(z_0)|<\varepsilon$. 选取充分小的 $R<\delta$，使得以 z_0 为圆心、R 为半径的圆周 $K:|z-z_0|=R$ 全部在 C 的内部（见图 3.8），那么

$$\oint_C \frac{f(z)}{z-z_0}dz=\oint_K \frac{f(z)}{z-z_0}dz=\oint_K \frac{f(z_0)}{z-z_0}dz+\oint_K \frac{f(z)-f(z_0)}{z-z_0}dz$$

$$=2\pi i f(z_0)+\oint_K \frac{f(z)-f(z_0)}{z-z_0}dz.$$

再由积分估值不等式得

$$\left|\oint_K \frac{f(z)-f(z_0)}{z-z_0}dz\right|\leqslant\oint_K \frac{|f(z)-f(z_0)|}{|z-z_0|}ds<\frac{\varepsilon}{R}\oint_K ds=2\pi\varepsilon\to 0(\varepsilon\to 0).$$

所以
$$\oint_K \frac{f(z)-f(z_0)}{z-z_0}\mathrm{d}z=0,$$

因此
$$\oint_C \frac{f(z)}{z-z_0}\mathrm{d}z=2\pi \mathrm{i} f(z_0).$$

说明:(1)柯西积分公式反映了解析函数在其解析区域边界上的值与区域内部各点处的值之间的关系:函数 $f(z)$在 C 内部任意一点的函数值可以用它在边界上的值来表示.这是解析函数的又一特征.

(2)柯西积分公式不但提供了计算某些复变函数沿闭路积分的一种方法,而且给出了解析函数的一个积分表达式,从而是研究解析函数的有力工具.

(3)如果 C 是圆周 $z=z_0+R\mathrm{e}^{\mathrm{i}\theta}$,则式(3.9)成为

$$f(z_0)=\frac{1}{2\pi}\int_0^{2\pi} f(z_0+R\mathrm{e}^{\mathrm{i}\theta})\mathrm{d}\theta, \tag{3.10}$$

即一个解析函数在圆心处的值等于它在圆周上的平均值.

例 3.7 计算积分 $\oint_{|z|=2}\frac{z^2+1}{z-1}\mathrm{d}z$ 的值.

解 因为 z^2+1 在 $|z|=2$ 内解析,由式(3.9)得

$$\oint_{|z|=2}\frac{z^2+1}{z-1}\mathrm{d}z=2\pi\mathrm{i}\cdot(z^2+1)\Big|_{z=1}=4\pi\mathrm{i}.$$

例 3.8 计算积分 $\oint_C \frac{\sin\frac{\pi}{6}z}{z^2-1}\mathrm{d}z$ 的值,其中 C 为

(1)$\left|z-\frac{1}{2}\right|=1$;(2)$\left|z+\frac{1}{2}\right|=1$;(3)$|z|=2$.

解 (1)函数$\frac{\sin\frac{\pi}{6}z}{z+1}$在$\left|z-\frac{1}{2}\right|=1$ 内解析,由式(3.9)得

$$\oint_C \frac{\sin\frac{\pi}{6}z}{z^2-1}\mathrm{d}z=\oint_C \frac{\frac{\sin\frac{\pi}{6}z}{z+1}}{z-1}\mathrm{d}z=2\pi\mathrm{i}\left(\frac{\sin\frac{\pi}{6}z}{z+1}\right)\Bigg|_{z=1}=2\pi\mathrm{i}\cdot\frac{1}{4}=\frac{\pi\mathrm{i}}{2}.$$

(2)函数$\frac{\sin\frac{\pi}{6}z}{z-1}$在$\left|z+\frac{1}{2}\right|=1$ 内解析,由式(3.9)得

$$\oint_C \frac{\sin\frac{\pi}{6}z}{z^2-1}\mathrm{d}z=\oint_C \frac{\sin\frac{\pi}{6}z}{z-1}\cdot\frac{1}{z+1}\mathrm{d}z=2\pi\mathrm{i}\left(\frac{\sin\frac{\pi}{6}z}{z-1}\right)\Bigg|_{z=-1}=2\pi\mathrm{i}\cdot\frac{1}{4}=\frac{\pi\mathrm{i}}{2}.$$

(3)被积函数$\dfrac{\sin\frac{\pi}{6}z}{z^2-1}$在$|z|=2$的内部有两个奇点$z=\pm1$.在$C$的内部作两个互不包含、互不相交的正向圆周$C_1$和$C_2$,其中$C_1$只包含奇点$z=1$,$C_2$只包含奇点$z=-1$,由复合闭路定理有

$$\oint_C \frac{\sin\frac{\pi}{6}z}{z^2-1}dz=\oint_{C_1}\frac{\sin\frac{\pi}{6}z}{z^2-1}dz+\oint_{C_2}\frac{\sin\frac{\pi}{6}z}{z^2-1}dz=\frac{\pi i}{2}+\frac{\pi i}{2}=\pi i.$$

§3.5 解析函数的高阶导数

一个可导的实变函数的导数不一定还可导,但运用柯西积分公式可以证明,一个解析函数不仅有导数,而且各阶导数在区域内部的值可以用该解析函数在边界上的积分来表示.这就是解析函数具有的比实变函数更理想的特性.

定理 3.8

定义在区域D内的解析函数有各阶导数,且有

$$f^{(n)}(z_0)=\frac{n!}{2\pi i}\oint_C \frac{f(z)}{(z-z_0)^{n+1}}dz, \tag{3.11}$$

其中C为区域D内绕z_0的任意一条正向简单闭曲线.

证 设z_0为D内任意一点,先证$n=1$的情形,即

$$f'(z_0)=\frac{1}{2\pi i}\oint_C \frac{f(z)}{(z-z_0)^2}dz.$$

根据定义,有

$$f'(z_0)=\lim_{\Delta z\to 0}\frac{f(z_0+\Delta z)-f(z_0)}{\Delta z},$$

由柯西积分公式得

$$f(z_0)=\frac{1}{2\pi i}\oint_C \frac{f(z)}{z-z_0}dz,$$

$$f(z_0+\Delta z)=\frac{1}{2\pi i}\oint_C \frac{f(z)}{z-z_0-\Delta z}dz,$$

从而有

$$\frac{f(z_0+\Delta z)-f(z_0)}{\Delta z}=\frac{1}{2\pi i\Delta z}\left[\oint_C \frac{f(z)}{z-z_0-\Delta z}dz-\oint_C \frac{f(z)}{z-z_0}dz\right]$$
$$=\frac{1}{2\pi i}\oint_C \frac{f(z)}{(z-z_0)(z-z_0-\Delta z)}dz$$

$$=\frac{1}{2\pi i}\oint_C\frac{f(z)}{(z-z_0)^2}dz+\frac{1}{2\pi i}\oint_C\frac{\Delta z f(z)}{(z-z_0)^2(z-z_0-\Delta z)}dz.$$

设后一个积分为 I，那么

$$|I|=\frac{1}{2\pi}\left|\oint_C\frac{\Delta z f(z)dz}{(z-z_0)^2(z-z_0-\Delta z)}\right|\leqslant\frac{1}{2\pi}\oint_C\frac{|\Delta z||f(z)dz|}{|z-z_0|^2|z-z_0-\Delta z|}.$$

因为函数 $f(z)$ 在 C 上是解析的，所以其在 C 上连续，由 1.2 节知它在 C 上是有界的. 由此可知必存在一个正数 M，使得在 C 上有 $|f(z)|\leqslant M$. 设 d 为从 z_0 到曲线 C 上各点的最短距离（见图 3.9），并取 $|\Delta z|$ 适当地小，使其满足 $|\Delta z|<\frac{1}{2}d$，那么有

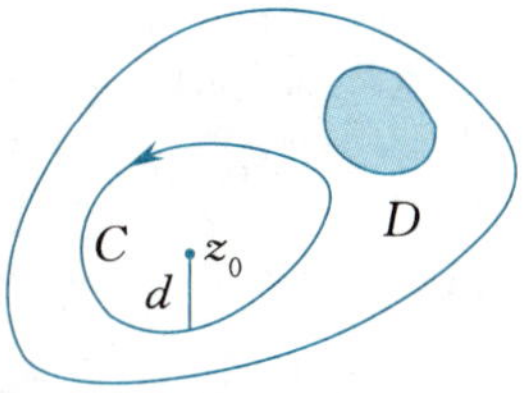

图 3.9

$$|z-z_0|\geqslant d,\ \frac{1}{|z-z_0|}\leqslant\frac{1}{d},$$

$$|z-z_0-\Delta z|\geqslant|z-z_0|-|\Delta z|>\frac{d}{2},$$

$$\frac{1}{|z-z_0-\Delta z|}\leqslant\frac{2}{d}.$$

所以

$$|I|<|\Delta z|\frac{ML}{\pi d^3},$$

其中 L 为 C 的长度. 如果 $\Delta z\to 0$，那么 $I\to 0$，从而得

$$f'(z_0)=\lim_{\Delta z\to 0}\frac{f(z_0+\Delta z)-f(z_0)}{\Delta z}=\frac{1}{2\pi i}\oint_C\frac{f(z)}{(z-z_0)^2}dz. \tag{3.12}$$

再利用式(3.12)以及推出式(3.12)的方法去求极限：

$$\lim_{\Delta z\to 0}\frac{f'(z_0+\Delta z)-f'(z_0)}{\Delta z},$$

便可得到

$$f''(z_0)=\frac{2!}{2\pi i}\oint_C\frac{f(z)}{(z-z_0)^3}dz.$$

以此类推，用数学归纳法可以证明：

$$f^{(n)}(z_0)=\frac{n!}{2\pi i}\oint_C\frac{f(z)}{(z-z_0)^{n+1}}dz.$$

于是可得以下定理.

定理 3.9

若函数 $f(z)$ 为定义在区域 D 内的解析函数，则在 D 内其各阶导数都存在且解析. 换句话说就是，解析函数的导数还是解析函数.

高阶导数公式不在于通过积分来求导，而在于通过求导来求积分.

例 3.9 求积分 $\oint_C \frac{e^z}{\left(z-\frac{\pi i}{2}\right)^3}dz$ 的值，其中 C 为正向圆周 $|z-2i|=2$.

解 函数 $\frac{e^z}{\left(z-\frac{\pi i}{2}\right)^3}$ 在 C 内的点 $z=\frac{\pi i}{2}$ 处不解析，但 e^z 在 C 内却是处处解析的. 根据式(3.11)，有

$$\oint_C \frac{e^z}{\left(z-\frac{\pi i}{2}\right)^3}dz=\frac{2\pi i}{(3-1)!}(e^z)''\Big|_{z=\frac{\pi i}{2}}=-\pi.$$

例 3.10 求积分 $\oint_C \frac{\cos \pi z}{z^2(z-1)^2}dz$ 的值，其中 C 为正向圆周 $|z|=2$.

解 函数 $\frac{\cos \pi z}{z^2(z-1)^2}$ 在 C 内的 $z=0$ 和 $z=1$ 处不解析. 在 C 内以 $z=0$ 为圆心作一个正向圆周 C_1，以 $z=1$ 为圆心作一个正向圆周 C_2，其中 C_1 和 C_2 互不包含也互不相交(见图 3.10)，则根据复合闭路定理和高阶导数公式，有

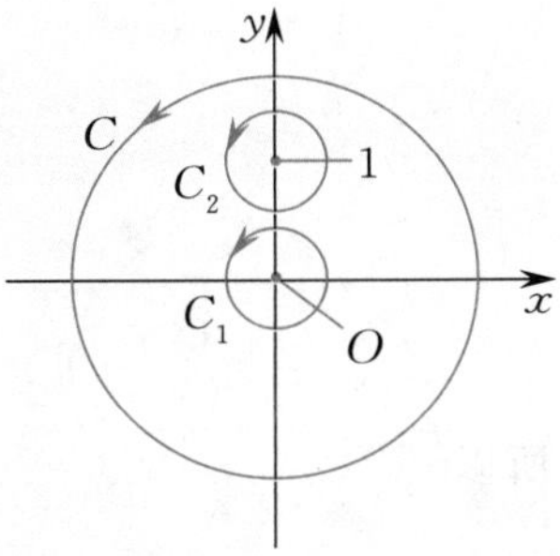

图 3.10

$$\oint_C \frac{\cos \pi z}{z^2(z-1)^2}dz=\oint_{C_1} \frac{\cos \pi z}{z^2(z-1)^2}dz+\oint_{C_2} \frac{\cos \pi z}{z^2(z-1)^2}dz.$$

由式(3.11)有

$$\oint_{C_1} \frac{\cos \pi z}{z^2(z-1)^2}dz=\oint_{C_1} \frac{\frac{\cos \pi z}{(z-1)^2}}{z^2}dz=\frac{2\pi i}{(2-1)!}\cdot\left[\frac{\cos \pi z}{(z-1)^2}\right]'\Bigg|_{z=0}=4\pi i,$$

同理可得

$$\oint_{C_2} \frac{\cos \pi z}{z^2(z-1)^2}dz=\oint_{C_1} \frac{\frac{\cos \pi z}{z^2}}{(z-1)^2}dz=\frac{2\pi i}{(2-1)!}\cdot\left[\frac{\cos \pi z}{z^2}\right]'\Bigg|_{z=1}=4\pi i,$$

所以

$$\oint_C \frac{\cos \pi z}{z^2(z-1)^2}dz=8\pi i.$$

定理 3.10（莫雷拉定理）

如果函数 $f(z)$ 在单连通区域 D 内连续，对于 D 内的任意一条正向简单闭曲线 C，都有 $\oint_C f(z)dz=0$，则函数 $f(z)$ 在 D 内解析.

证 任意取定一点 $z_0\in D$，根据已知条件，积分 $F(z)=\int_{z_0}^{z} f(\zeta)d\zeta$ 的值与连接 z 与 z_0 的路径无关，从而定义 z 的单值函数：

$$F(z)=\int_{z_0}^{z} f(\zeta)\mathrm{d}\zeta, z\in D.$$

利用证明定理 3.5 的方法知 $F(z)=\int_{z_0}^{z} f(\zeta)\mathrm{d}\zeta$ 在 D 内解析，且 $F(z)=f'(z)$，而由定理 3.9 知解析函数的导数仍为解析函数，故函数 $f(z)$ 在 D 内解析.

§3.6 解析函数与调和函数的关系

在流体力学、电磁学等领域的许多实际问题中，经常遇到一种函数，称为调和函数，调和函数与解析函数密切相关，现引进调和函数的概念.

定义 3.3 在区域 D 内具有二阶连续偏导数且满足拉普拉斯方程

$$\frac{\partial^2 \varphi}{\partial x^2}+\frac{\partial^2 \varphi}{\partial y^2}=0 \tag{3.13}$$

的二元实变函数 $\varphi(x,y)$ 称为区域 D 内的调和函数.

下面的定理说明了调和函数与解析函数的关系.

定理 3.11

任何在区域 D 内的解析函数，它的实部和虚部都是区域 D 内的调和函数.

证 设 $w=f(z)=u+\mathrm{i}v$ 是区域 D 内的一个解析函数，那么

$$\frac{\partial u}{\partial x}=\frac{\partial v}{\partial y}, \frac{\partial u}{\partial y}=-\frac{\partial v}{\partial x}.$$

由于 $f'(z)$ 在区域 D 内也解析，所以

$$\frac{\partial^2 u}{\partial x^2}=\frac{\partial^2 v}{\partial y \partial x}, \frac{\partial^2 u}{\partial y^2}=-\frac{\partial^2 v}{\partial x \partial y}.$$

根据解析函数的高阶导数定理，u 与 v 具有任意阶的连续偏导数. 所以

$$\frac{\partial^2 v}{\partial y \partial x}=\frac{\partial^2 v}{\partial x \partial y},$$

从而有

$$\frac{\partial^2 u}{\partial x^2}+\frac{\partial^2 u}{\partial y^2}=0,$$

同理

$$\frac{\partial^2 v}{\partial x^2}+\frac{\partial^2 v}{\partial y^2}=0,$$

因此 u 与 v 都是调和函数.

在区域 D 内满足柯西-黎曼方程

$$\frac{\partial u}{\partial x}=\frac{\partial v}{\partial y}, \frac{\partial v}{\partial x}=-\frac{\partial u}{\partial y}$$

的两个调和函数 u 和 v 中，v 称为 u 的**共轭调和函数**.

注 u 与 v 的关系不能颠倒，任意两个调和函数 u 与 v 所构成的函数 $u+\mathrm{i}v$ 不一定就是解析函数. 要想 $u+\mathrm{i}v$ 在区域 D 内解析，u 与 v 还必须满足柯西-黎曼方程.

下面通过例子介绍已知在单连通区域 D 内解析的函数 $f(z)=u+\mathrm{i}v$ 的实部或虚部，求 $f(z)$ 的方法.

1. 偏积分法

例 3.11 证明 $u(x,y)=y^3-3x^2y$ 为调和函数，并求其共轭调和函数 $v(x,y)$ 和由它们构成的解析函数.

解 ①因为

$$\frac{\partial u}{\partial x}=-6xy,\frac{\partial^2 u}{\partial x^2}=-6y,$$

$$\frac{\partial u}{\partial y}=3y^2-3x^2,\frac{\partial^2 u}{\partial y^2}=6y,$$

所以

$$\frac{\partial^2 u}{\partial x^2}+\frac{\partial^2 u}{\partial y^2}=0.$$

这就证明了 $u(x,y)$ 为调和函数.

②由 $\frac{\partial v}{\partial y}=\frac{\partial u}{\partial x}=-6xy$，得

$$v=\int -6xy\mathrm{d}y=-3xy^2+g(x),$$

$$\frac{\partial v}{\partial x}=-3y^2+g'(x).$$

由 $\frac{\partial v}{\partial x}=-\frac{\partial u}{\partial y}$，得

$$-3y^2+g'(x)=-3y^2+3x^2,$$

故

$$g(x)=\int 3x^2\mathrm{d}x=x^3+c,$$

其中，c 为常数. 因此

$$v(x,y)=x^3-3xy^2+c.$$

从而得到一个解析函数

$$w=y^3-3x^2y+\mathrm{i}(x^3-3xy^2+c).$$

这个函数可以化为

$$w=f(z)=\mathrm{i}(z^3+c).$$

2. 不定积分法

由于解析函数 $f(z)=u+\mathrm{i}v$ 的导数 $f'(z)$ 仍为解析函数，且由式(2.3)知

$$f'(z)=u_x+\mathrm{i}v_x=u_x-\mathrm{i}u_y=v_y+\mathrm{i}v_x,$$

把 $u_x-\mathrm{i}u_y$ 与 $v_y+\mathrm{i}v_x$ 用 z 表示，得

$$f'(z)=u_x-\mathrm{i}u_y=U(z),f'(z)=v_y+\mathrm{i}v_x=V(z).$$

将它们积分，即得

$$f(z)=\int U(z)\mathrm{d}z+c, \tag{3.14}$$

$$f(z)=\int V(z)\mathrm{d}z+c. \tag{3.15}$$

已知实部 u 求 $f(z)$，可用式(3.14)；已知虚部 v 求 $f(z)$，可用式(3.15).

在例 3.11 中，因 $u=y^3-3x^2y$，故 $u_x=-6xy,u_y=3y^2-3x^2$，从而

$$f'(z)=-6xy-\mathrm{i}(3y^2-3x^2)=3\mathrm{i}(x^2+2xy\mathrm{i}-y^2)=3\mathrm{i}z^2,$$

故
$$f(z)=\int 3\mathrm{i}z^2\,\mathrm{d}z=\mathrm{i}z^3+c_1,$$
其中 c_1 为任意纯虚数，因为 $f(z)$ 的实部为已知函数，不可能包含实的任意常数. 于是
$$f(z)=\mathrm{i}(z^3+c),$$
其中 c 为任意实常数.

本章小结

复变函数的积分为微积分中定积分的延伸，两者定义完全相同，积分区间换成了平面区域内的一条光滑有向曲线. 复变函数积分的值不仅与积分曲线的起点和终点有关，而且一般也与积分路径有关. 这些特点与微积分中第二类曲线积分相似，因而具有与第二类曲线积分类似的性质.

计算复变函数的积分有以下两个基本方法.

(1)若被积函数为 $f(z)=u(x,y)+\mathrm{i}v(x,y)$，积分曲线为 C，则
$$\int_C f(z)\mathrm{d}z=\int_C u\mathrm{d}x-v\mathrm{d}y+\mathrm{i}\int_C v\mathrm{d}x+u\mathrm{d}y.$$

(2)(参数方程法)设积分曲线 C 的参数方程为 $z=z(t)(a\leqslant t\leqslant b)$，则
$$\int_C f(z)\mathrm{d}z=\int_a^b f[z(t)]z'(t)\mathrm{d}t.$$

解析函数积分的基本定理主要包括柯西-古萨定理、柯西积分公式、高阶导数公式及它们的一些推论.

(1)柯西-古萨定理表明在单连通区域 D 内解析的函数 $f(z)$ 沿该区域内任意一条闭曲线 C 的积分为零，即 $\oint_C f(z)\mathrm{d}z=0$. 由此定理可以得到一个重要推论：在单连通区域 D 内解析的函数 $f(z)$ 沿该区域内任意一条曲线的积分与路径无关. 复变函数与实变函数一样，也有原函数的概念，并且任意两个原函数之间仅相差一个常数，基于此，对于单连通区域内的解析函数，有类似于实变函数的牛顿-莱布尼茨公式的公式，即 $\int_{z_0}^{z_1} f(z)\mathrm{d}z=G(z_1)-G(z_0)$，其中 $f(z)$ 为单连通区域 D 内的解析函数，$G(z)$ 为 $f(z)$ 的一个原函数，$z_0,z_1\in D$ 分别为积分曲线的起点和终点. 复合闭路定理是柯西-古萨定理的推广，即若函数 $f(z)$ 在复闭路 $C=C_0+C_1^-+C_2^-+\cdots+C_n^-$ 及其所围成的多连通区域内解析，则 $\int_{C_0} f(z)\mathrm{d}z=\sum_{k=1}^{n}\int_{C_k} f(z)\mathrm{d}z$，也就是 $\oint_C f(z)\mathrm{d}z=0$.

(2)柯西积分公式
$$f(z_0)=\frac{1}{2\pi\mathrm{i}}\oint\frac{f(z)}{z-z_0}\mathrm{d}z$$
与高阶导数公式
$$f^{(n)}(z_0)=\frac{n!}{2\pi\mathrm{i}}\oint\frac{f(z)}{(z-z_0)^{n+1}}\mathrm{d}z,n=1,2,3,\cdots$$

是复变函数中两个十分重要的公式，它们都是计算积分的重要工具. 柯西积分公式反映了解析函数在其解析区域边界上的值与区域内部各点处的值之间的密切关系，而高阶导数公式表明解析函数的导数仍是解析函数，即解析函数具有无穷可微性. 这是解析函数与实变函数的本质区别. 对于复变函数的积分，若被积函数解析（包括含有有限个奇点的情形），且积分路径封闭，则可以考虑柯西积分公式、高阶导数公式，并常常需要联合运用柯西-古萨定理、复合闭路定理，有时还需将被积函数进行变形化为公式中的相应形式.

解析函数 $f(z)=u+iv$ 的虚部 v 为实部 u 的共轭调和函数，u 与 v 的关系不能颠倒，任意两个调和函数 u 与 v 所构成的函数 $u+iv$ 不一定是解析函数.

中国复分析专家

杨乐和张广厚既是大学时期的同学，又是研究所里的好友. 他们研究的主要方向都是函数论中的整函数、亚纯函数的值分布理论. 他们在共同努力下，终于在 20 世纪 70 年代中期取得了突破性的成就，获得了系统的具有世界水平的数学成果，在我国学术界产生了积极的影响. 1965—1977 年，杨乐和张广厚共同发表了八篇重要论文:《解析函数族的正规性涉及重值的研究》《关于亚纯函数的波莱耳方向的分布》《亚纯函数亏值总数和波莱耳方向总数的研究》《关于整函数的亏值总数》《整函数的波莱耳方向的分布》《具有给定奇异方向的亚纯函数的构造》《一类极值整函数的亏值》《整函数的亏值与渐近值》. 这么多创造性的成果开辟了一个新的研究方向. 国外数学家把他们的研究成果称为“杨-张定理”“杨-张不等式”. 1978 年，他们合作的《整函数和亚纯函数的值分布理论》获得了全国科学大会奖励，1982 年又获得我国自然科学二等奖. 1980 年杨乐当选为中国科学院院士.

习题 3

1. 计算积分 $\int_C (x-y+ix^2)dz$，其中 C 为

(1)从原点到点 $1+i$ 的直线段；

(2)从原点沿实轴到 1，再由 1 竖直向上至 $1+i$；

(3)从原点沿虚轴到 i，再由 i 沿水平方向向右至 $1+i$.

2. 计算积分 $\int_C (1-\bar{z})dz$，其中 C 为

(1)从点 0 到点 $1+i$ 的直线段；

(2)沿抛物线 $y=x^2$，从点 0 到点 $1+i$ 的弧段.

3. 计算积分 $\int |z|dz$，其中 C 为

(1)从点 -1 沿实轴至点 1 的直线段；

(2)从点-1沿上半单位圆周至点1；

(3)从点-1沿下半单位圆周至点1.

4. 计算积分 $\oint_C \frac{\bar{z}}{|z|}dz$，其中 C 为正向圆周：

(1)$|z|=2$；　　(2)$|z|=4$.

5. 试用观察法得出下列积分的值，并说明依据，其中 C 是正向单位圆周$|z|=1$.

(1)$\oint_C \frac{1}{z-2}dz$；　　(2)$\oint_C \frac{e^z}{z^2+2z+4}dz$；

(3)$\oint_C \frac{1}{z-\frac{2}{3}}dz$；　　(4)$\oint_C \frac{1}{\cos z}dz$；

(5)$\oint_C (|z|-e^z\sin z)dz$；　　(6)$\oint_C \frac{1}{\left(z-\frac{i}{2}\right)\left(z+\frac{3i}{2}\right)}dz$.

6. 利用 $\oint_C \frac{1}{z+2}dz=0$，其中 C：$|z|=1$，证明：

$$\int_0^{\pi} \frac{1+2\cos\theta}{5+4\cos\theta}d\theta=0.$$

7. 计算积分 $\oint_C \frac{1}{z(z^2+1)}dz$，其中 C 为

(1)$|z|=\frac{1}{2}$；　　(2)$|z|=\frac{3}{2}$；

(3)$|z+i|=\frac{1}{2}$；　　(4)$|z-i|=\frac{3}{2}$.

8. 沿指定曲线的正向计算下列积分的值.

(1)$\oint_C \frac{1}{z(2z+1)}dz$，$C$：$|z|=\frac{1}{4}$；

(2)$\oint_C \frac{e^{iz}}{z^2+1}dz$，$C$：$|z+i|=1$；

(3)$\oint_C \frac{\sin z}{z^2+9}dz$，$C$：$|z-2i|=2$；

(4)$\oint_C \frac{1}{\left(z-\frac{i}{2}\right)(z+1)}dz$，$C$：$|z|=2$；

(5)$\oint_C \frac{z^2-3z+4}{z(z-2)^2}dz$，$C$：$|z|=\frac{3}{2}$；

(6)$\oint_C \frac{1}{z^2-z}dz$，$C$：$|z|=2$.

9. 利用公式(3.8)计算下列积分：

(1)$\int_{-\pi i}^{\pi i} e^{2z}dz$；　　(2)$\int_{-i}^{i}\cos\frac{z}{2}dz$；

(3)$\int_{1}^{i}(2+iz)^2dz$；　　(4)$\int_{0}^{1}z\sin z dz$；

(5)$\int_{0}^{i}(z-1)e^{-z}dz$；

(6)$\int_{1}^{i}\frac{1+\tan z}{\cos^2 z}dz$（路径为沿点1到点i的直线段）.

10. 沿指定曲线的正向计算下列积分的值.

(1) $\oint_C \frac{1}{z^2-4}dz, C: |z-2|=1$；

(2) $\oint_C \frac{e^{iz}}{z^2+1}dz, C: |z-2i|=2$；

(3) $\oint_C \frac{e^z}{z^2(z-1)^2}dz, C: |z|=2$；

(4) $\oint_C \frac{\cos z}{(z-i)^3}dz, C: |z-i|=\frac{3}{2}$；

(5) $\oint_C \frac{e^z}{(z^2+1)^2}dz, C: |z|=2$；

(6) $\oint_C \frac{e^z}{(z-a)^3}dz$，其中 a 为$|a|\neq 1$的任何复数，$C: |z|=1$为正向.

11. 设函数 $f(z)=ax^3+bx^2y+cxy^2+dy^3$ 是调和函数，其中 a,b,c,d 为常数，则 a，b,c,d 之间满足什么关系？

12. 设 u 和 v 都是调和函数，如果 v 是 u 的共轭调和函数，那么 u 也是 v 的共轭调和函数. 这句话对吗？为什么？

13. 证明：函数 $u=x^2-y^2, v=\frac{x}{x^2+y^2}$ 都是调和函数，但 $f(z)=u+iv$ 不是解析函数.

14. 设函数 $f(z)$ 和 $g(z)$ 在区域 D 内处处解析，C 为 D 内的任意一条正向简单闭曲线，它的内部完全含于 D，如果 $f(z)=g(z)$ 在 C 上所有的点处都成立，试证在 C 内所有的点处 $f(z)=g(z)$ 也成立.

15. 设函数 $f(z)$ 在单连通区域 B 内处处解析，且不为零，C 为 B 内的任意一条正向简单闭曲线，证明 $\oint_C \frac{f'(z)}{f(z)}dz=0$.

16. 由下列各已知调和函数，求解析函数 $f(z)=u+iv$：

(1)$u=x^2-y^2+xy$；

(2) $u=\dfrac{y}{x^2+y^2}$, $f(1)=0$;

(3) $v=e^x(y\cos y+x\sin y)+x+y$, $f(0)=2$;

(4) $v=\arctan\dfrac{y}{x}$, $x>0$.

17. 设函数 $p(z)=(z-a_1)(z-a_2)\cdots(z-a_n)$，其中 $a_i(i=1,2,\cdots,n)$ 各不相同，闭曲线 C 不通过 $a_1,a_2,\cdots,a_n$，证明积分 $\dfrac{1}{2\pi i}\oint_C\dfrac{p'(z)}{p(z)}dz$ 等于 $p(z)$ 的位于 C 内的零点的个数.

18. 试证明下述定理(无界区域的柯西积分公式)：设函数 $f(z)$ 在闭曲线 C 及其外部区域 D 内解析，且 $\lim\limits_{z\to\infty}f(z)=A\neq\infty$，则

$$\frac{1}{2\pi i}\oint_C\frac{f(\xi)}{\xi-z}d\xi=\begin{cases}-f(z)+A, & z\in D\\ A, & z\in G\end{cases},$$

其中 G 为 C 所围内部区域.

第4章　复变函数项级数

无穷级数是研究函数性质的有力工具.本章首先介绍复数列的极限、复数项级数的概念、最简单的复变函数项级数——幂级数,再讨论解析函数的级数表示,包括:泰勒(Taylor)级数和洛朗(Laurent)级数.

§4.1　复数项级数

4.1.1　复数列及其极限

定义 4.1　设$\{\alpha_n\}(n=1,2,3,\cdots)$为一复数列,其中$\alpha_n=a_n+\mathrm{i}b_n$,$\alpha=a+\mathrm{i}b$为一确定的复数.如果对于任意给定的$\varepsilon>0$,存在正整数$N$,使得当$n>N$时,有

$$|\alpha_n-\alpha|<\varepsilon$$

成立,则称复数列$\{\alpha_n\}$**收敛于**α,并称α为当$n\to\infty$时复数列$\{\alpha_n\}$的**极限**,记作

$$\lim_{n\to\infty}\alpha_n=\alpha \text{ 或 } \alpha_n\to\alpha(n\to\infty).$$

若复数列$\{\alpha_n\}$的极限不存在,则称$\{\alpha_n\}$**发散**.

定理 4.1

复数列$\{\alpha_n\}=\{a_n+\mathrm{i}b_n\}$收敛于复数$\alpha=a+\mathrm{i}b$的充要条件是

$$\lim_{n\to\infty}a_n=a,\lim_{n\to\infty}b_n=b.$$

证　**必要性**　若$\{\alpha_n\}$收敛于α,则由定义4.1,对于任意给定的$\varepsilon>0$,存在$N\in\mathbb{N}_+$,当$n>N$时,恒有

$$|\alpha_n-\alpha|=|a_n+\mathrm{i}b_n-(a+\mathrm{i}b)|=|(a_n-a)+\mathrm{i}(b_n-b)|<\varepsilon,$$

从而有

$$|a_n-a|\leqslant|\alpha_n-\alpha|<\varepsilon,$$

所以$\lim\limits_{n\to\infty}a_n=a$. 同理$\lim\limits_{n\to\infty}b_n=b$.

充分性 设$\lim\limits_{n\to\infty}a_n=a$，$\lim\limits_{n\to\infty}b_n=b$，则对于任意给定的$\varepsilon>0$，存在$N\in\mathbb{N}_+$，当$n>N$时，有

$$|a_n-a|<\frac{\varepsilon}{2},|b_n-b|<\frac{\varepsilon}{2}.$$

从而有

$$|\alpha_n-\alpha|\leqslant|a_n-a|+|b_n-b|<\varepsilon,$$

所以

$$\lim_{n\to\infty}\alpha_n=\alpha.$$

定理 4.1 说明，判定复数列的敛散性时，可以通过其转化成的两个实数列的敛散性来判定.

4.1.2 复数项级数

定义 4.2 表达式$\sum\limits_{n=1}^{\infty}\alpha_n=\alpha_1+\alpha_2+\cdots+\alpha_n+\cdots$称为复数项无穷级数，简称复级数或级数，其中$\{\alpha_n\}=\{a_n+\mathrm{i}b_n\}(n=1,2,\cdots)$为一复数列. 其前$n$项之和

$$S_n=\alpha_1+\alpha_2+\cdots+\alpha_n$$

称为该级数的部分和. 若部分和数列$\{S_n\}$收敛，则称级数$\sum\limits_{n=1}^{\infty}\alpha_n$ **收敛**，并称极限$\lim\limits_{n\to\infty}S_n=S$为该级数的和，记作$\sum\limits_{n=1}^{\infty}\alpha_n=S$. 若部分和数列$\{S_n\}$不收敛，则称该级数**发散**.

定理 4.2

复级数$\sum\limits_{n=1}^{\infty}\alpha_n$收敛的充要条件为实级数$\sum\limits_{n=1}^{\infty}a_n$与$\sum\limits_{n=1}^{\infty}b_n$均收敛.

定理 4.3

复级数$\sum\limits_{n=1}^{\infty}\alpha_n$收敛的必要条件是$\lim\limits_{n\to\infty}\alpha_n=0$.

定义 4.3 对于复级数$\sum\limits_{n=1}^{\infty}\alpha_n$，如果$\sum\limits_{n=1}^{\infty}|\alpha_n|$收敛，则称复级数$\sum\limits_{n=1}^{\infty}\alpha_n$绝对收敛. 如果级数$\sum\limits_{n=1}^{\infty}\alpha_n$收敛，但级数$\sum\limits_{n=1}^{\infty}|\alpha_n|$发散，那么称级数$\sum\limits_{n=1}^{\infty}\alpha_n$条件收敛.

定理 4.4

若级数$\sum\limits_{n=1}^{\infty}|\alpha_n|$收敛，则级数$\sum\limits_{n=1}^{\infty}\alpha_n$也收敛，并且$\left|\sum\limits_{n=1}^{\infty}\alpha_n\right|\leqslant\sum\limits_{n=1}^{\infty}|\alpha_n|$.

证 由于$\sum\limits_{n=1}^{\infty}|\alpha_n|=\sum\limits_{n=1}^{\infty}\sqrt{a_n^2+b_n^2}$收敛，且$|a_n|\leqslant\sqrt{a_n^2+b_n^2}$，$|b_n|\leqslant\sqrt{a_n^2+b_n^2}$，根据实

级数的比较审敛法可知，级数 $\sum\limits_{n=1}^{\infty}|a_n|$ 与 $\sum\limits_{n=1}^{\infty}|b_n|$ 都收敛，所以 $\sum\limits_{n=1}^{\infty}a_n$ 与 $\sum\limits_{n=1}^{\infty}b_n$ 也都收敛，故由定理 4.2，复级数 $\sum\limits_{n=1}^{\infty}\alpha_n$ 也收敛. 又因为 $\left|\sum\limits_{k=1}^{n}\alpha_k\right|\leqslant\sum\limits_{k=1}^{n}|\alpha_k|$，所以

$$\left|\sum_{n=1}^{\infty}\alpha_n\right|=\lim_{n\to\infty}\left|\sum_{k=1}^{n}\alpha_k\right|\leqslant\lim_{n\to\infty}\sum_{k=1}^{n}|\alpha_k|=\sum_{n=1}^{\infty}|\alpha_n|.$$

利用不等式 $|\alpha_n|=\sqrt{a_n^2+b_n^2}\leqslant|a_n|+|b_n|$ 容易得出以下推论.

推论 4.1

复级数 $\sum\limits_{n=1}^{\infty}\alpha_n$ 绝对收敛的充要条件是实级数 $\sum\limits_{n=1}^{\infty}a_n$ 与 $\sum\limits_{n=1}^{\infty}b_n$ 均绝对收敛.

例 4.1 讨论复级数 $1+z+\cdots+z^n+\cdots$ 的敛散性.

解 当 $|z|<1$ 时，等比级数 $\sum\limits_{n=0}^{\infty}|z|^n$ 收敛，故复级数 $\sum\limits_{n=0}^{\infty}z^n$ 绝对收敛，并且其和

$$s=\lim_{n\to\infty}S_n=\lim_{n\to\infty}\frac{1-z^n}{1-z}=\frac{1}{1-z}\text{（当 }|z|<1\text{ 时，}\lim_{n\to\infty}|z|^n=0\text{ 及}\lim_{n\to\infty}z^n=0\text{），}$$

于是该复级数收敛，其和为 $\dfrac{1}{1-z}$.

当 $|z|>1$ 时，由于 $\lim\limits_{n\to\infty}|z|^n=+\infty$，即级数 $\sum\limits_{n=0}^{\infty}z^n$ 的通项 $z^n\nrightarrow 0(n\to\infty)$，所以该复级数发散.

当 $|z|=1$ 时，对于任意的正整数 n，$|z|^n=1$，所以 $z^n\nrightarrow 0(n\to\infty)$，故该复级数也发散.

综上所述，复级数 $\sum\limits_{n=0}^{\infty}z^n$ 当 $|z|<1$ 时收敛于 $\dfrac{1}{1-z}$，而当 $|z|\geqslant 1$ 时发散.

例 4.2 下列级数是否收敛？若收敛，是绝对收敛还是条件收敛？

(1) $\sum\limits_{n=1}^{\infty}\dfrac{1}{n}\left(1+\dfrac{\mathrm{i}}{n}\right)$；　(2) $\sum\limits_{n=0}^{\infty}\dfrac{(2\mathrm{i})^n}{n!}$；　(3) $\sum\limits_{n=1}^{\infty}\left[\dfrac{(-1)^n}{n}+\dfrac{\mathrm{i}}{3^n}\right]$.

解 (1) 因为 $\sum\limits_{n=1}^{\infty}a_n=\sum\limits_{n=1}^{\infty}\dfrac{1}{n}$ 发散，而 $\sum\limits_{n=1}^{\infty}b_n=\sum\limits_{n=1}^{\infty}\dfrac{1}{n^2}$ 收敛，故由定理 4.2 知原级数发散.

(2) 因为 $\left|\dfrac{(2\mathrm{i})^n}{n!}\right|=\dfrac{2^n}{n!}$，由正项级数的比较审敛法易知级数 $\sum\limits_{n=0}^{\infty}\dfrac{2^n}{n!}$ 收敛，所以由定理 4.3 知原级数收敛，且为绝对收敛.

(3) 因为由原级数的实部与虚部构成的级数都收敛，故原级数收敛. 但因 $\sum\limits_{n=1}^{\infty}\dfrac{(-1)^n}{n}$ 为条件收敛，故原级数不是绝对收敛，而是条件收敛.

§4.2 幂 级 数

4.2.1 复变函数项级数

定义 4.4 设$\{f_n(z)\}(n=1,2,\cdots)$为定义在集合$G\subseteq\mathbb{C}$上的复变函数列，称表达式

$$\sum_{n=1}^{\infty}f_n(z)=f_1(z)+f_2(z)+\cdots+f_n(z)+\cdots \tag{4.1}$$

为**复变函数项级数**，它的前 n 项之和

$$S_n(z)=f_1(z)+f_2(z)+\cdots+f_n(z)$$

称为该级数的部分和. 若对于某点 $z_0\in G$，极限$\lim\limits_{n\to\infty}S_n(z_0)=S(z_0)$存在，则称级数(4.1)在点 z_0 处收敛，$S(z_0)$称为它的和. G 中所有使级数(4.1)收敛的点构成的集合称为它的**收敛域**. 若 D 是级数(4.1)的收敛域，就是说，该级数在 D 中的每一点处都收敛，它的和一定是 $z\in D$ 的函数

$$S(z)=\sum_{n=1}^{\infty}f_n(z),z\in D,$$

称该函数为级数(4.1)的**和函数**.

若在复变函数项级数(4.1)中，通项为幂函数，即 $f_n(z)=c_n(z-a)^n$，则该级数变为

$$\sum_{n=0}^{\infty}c_n(z-a)^n=c_0+c_1(z-a)+c_2(z-a)^2+\cdots+c_n(z-a)^n+\cdots \tag{4.2}$$

其中 $a,c_n\in\mathbb{C}$，这种级数称为**幂级数**.

若取 $a=0$，则该级数变为

$$\sum_{n=0}^{\infty}c_nz^n=c_0+c_1z+c_2z^2+\cdots+c_nz^n+\cdots. \tag{4.3}$$

令 $\zeta=z-a$，则式(4.2)就变成式(4.3). 为简单起见，今后常就形如式(4.3)的幂级数来讨论.

4.2.2 幂级数的敛散性

同实幂级数类似，复幂级数也具有相应的阿贝尔(Abel)定理.

定理 4.5（阿贝尔定理）

(1)若幂级数 $\sum\limits_{n=0}^{\infty}c_nz^n$ 在 $z_0\neq0$ 处收敛，则当$|z|<|z_0|$时，该级数绝对收敛；(2)若幂级数 $\sum\limits_{n=0}^{\infty}c_nz^n$ 在点 z_0^* 处发散，则当$|z|>|z_0^*|$时，该级数发散.

证 (1) 由已知，幂级数 $\sum\limits_{n=0}^{\infty}c_nz_0^n$ 收敛. 根据推论 4.1，$\lim\limits_{n\to\infty}c_nz_0^n=0$. 因此，存在 $M>0$，使得对于每个 $n\in\mathbb{N}_+$，恒有$|c_nz_0^n|\leqslant M$. 所以当$|z|<|z_0|$时，

$$|c_nz^n|=|c_nz_0^n|\left|\frac{z}{z_0}\right|^n\leqslant M\left|\frac{z}{z_0}\right|^n.$$

由于 $\left|\dfrac{z}{z_0}\right|<1$，所以等比级数 $\sum\limits_{n=0}^{\infty} M\left|\dfrac{z}{z_0}\right|^n$ 收敛. 根据正项级数的比较审敛法，当 $|z|<|z_0|$ 时，幂级数 $\sum\limits_{n=0}^{\infty} c_n z^n$ 绝对收敛.

(2) 用反证法. 若当 $|z|>|z_0^*|$ 时 $\sum\limits_{n=0}^{\infty} c_n z^n$ 收敛，由(1) 得 $\sum\limits_{n=0}^{\infty} c_n z_0^{*n}$ 收敛，和假设 $\sum\limits_{n=0}^{\infty} c_n z^n$ 在点 z_0^* 处发散矛盾. 故原结论成立.

阿贝尔定理有其几何意义：(1)在点 $z_0 \neq 0$ 处 $\sum\limits_{n=0}^{\infty} c_n z^n$ 收敛，则在半径为 $|z_0|$、圆心为原点的圆内 $\sum\limits_{n=0}^{\infty} c_n z^n$ 绝对收敛；(2)若在点 z_0^* 处 $\sum\limits_{n=0}^{\infty} c_n z^n$ 发散，则在半径为 $|z_0^*|$、圆心为原点的圆外 $\sum\limits_{n=0}^{\infty} c_n z^n$ 发散.

复幂级数的阿贝尔定理与实幂级数的阿贝尔定理的主要区别在于幂级数的收敛范围不同. 实幂级数 $\sum\limits_{n=0}^{\infty} c_n x^n$ 的收敛范围是 x 轴上关于原点对称的区间，而复幂级数 $\sum\limits_{n=0}^{\infty} c_n z^n$ 的收敛范围是复平面上以原点为圆心的圆域.

因此，幂级数 $\sum\limits_{n=0}^{\infty} c_n z^n$ 的敛散性有以下三种情形.

(1)仅在复平面上的 $z=0$ 处收敛，在其余的点处发散. 此时收敛域为点集 $D=\{0\}$.

(2)在整个复平面上处处收敛，此时收敛域 $D=\mathbb{C}$.

(3) 既存在使该级数收敛的点 $z_1 \neq 0$，又存在使该级数发散的点 $z_2 \neq 0$. 此时，根据阿贝尔定理，该级数在以原点为圆心、$|z_1|$ 为半径的圆周 C_1 内绝对收敛，而在以原点为圆心、$|z_2|$ 为半径的圆周 C_2 外发散，并且 $|z_1|<|z_2|$（否则，由阿贝尔定理，该级数在点 z_1 处发散，矛盾）. 继续考察 C_1 与 C_2 之间的圆环形区域，不难看到，圆周 C_1 的半径会逐渐增大，而 C_2 的半径逐渐缩小. 可以证明，它们的半径将趋于一个共同的常数 R，使该级数在以原点为中心、R 为半径的圆周 $C_R=\{z \mid |z|=R\}$ 的内部绝对收敛，而在 C_R 的外部发散. 称此 R 为该级数的**收敛半径**，圆周 C_R 为该级数的**收敛圆**（见图 4.1）.

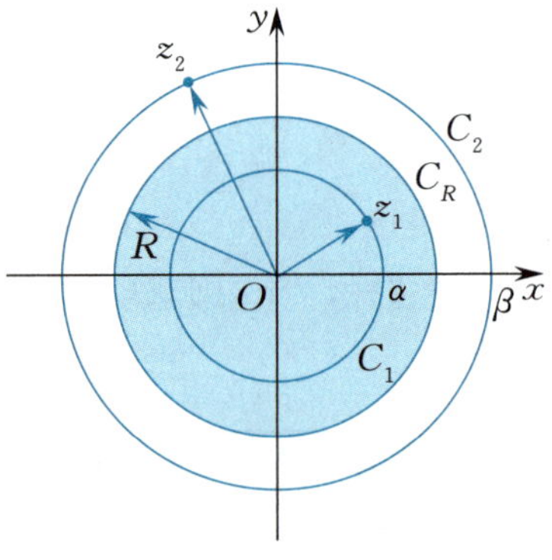

图 4.1

幂级数(4.3)的收敛域是以原点为圆心的圆域，至于在收敛圆上是否收敛，不能一概而论，可能处处收敛，或者处处发散，或者既有收敛点也有发散点，需要对具体级数进行具体分析.

为统一起见，对幂级数在上述前两种收敛情况下的收敛半径 R 规定如下：对于第一种情况，规定 $R=0$；对于第二种情况，规定 $R=+\infty$.

由例 4.1 可见，等比级数

$$\sum_{n=0}^{\infty} z^n = 1 + z + z^2 + \cdots + z^n + \cdots$$

的收敛半径 $R=1$，收敛圆为单位圆周 $|z|=1$. 在此圆内，该级数不但收敛，而且绝对收敛，其和函数为 $\frac{1}{1-z}$，易知

$$\frac{1}{1-z}=1+z+z^2+\cdots+z^n+\cdots, \quad |z|<1. \tag{4.4}$$

等比级数在收敛圆 $|z|=1$ 上处处发散.

4.2.3 幂级数收敛半径的求法

定理 4.6

如果幂级数(4.2)或幂级数(4.3)满足下列条件之一：

(1) $\lim\limits_{n\to\infty}\left|\frac{c_{n+1}}{c_n}\right|=\lambda\neq 0$；　　(2) $\lim\limits_{n\to\infty}\sqrt[n]{|c_n|}=\lambda\neq 0$，

那么该幂级数的收敛半径 $R=\frac{1}{\lambda}$.

证 仅就幂级数(4.3)满足条件(1)来证明. 根据正项级数的比值审敛法，由于

$$\lim_{n\to\infty}\left|\frac{c_{n+1}z^{n+1}}{c_nz^n}\right|=\lim_{n\to\infty}\left|\frac{c_{n+1}}{c_n}\right||z|=\lambda|z|,$$

所以，当 $|z|<\frac{1}{\lambda}$ 时，级数 $\sum\limits_{n=0}^{\infty}|c_nz^n|$ 收敛. 由定理 4.4 知，幂级数(4.3)在圆周 $|z|<\frac{1}{\lambda}$ 内绝对收敛.

为了证明该级数的收敛半径 $R=\frac{1}{\lambda}$，根据收敛半径的定义，只要证明它在圆周 $|z|=\frac{1}{\lambda}$ 外发散. 用反证法. 假定在此圆周外有一点 z_0 使级数 $\sum\limits_{n=0}^{\infty}c_nz_0^n$ 收敛，在此圆周外再取一点 z_1，使 $|z_1|<|z_0|$，则由阿贝尔定理，级数 $\left|\sum\limits_{n=0}^{\infty}c_nz_1^n\right|$ 收敛. 然而，因为 $|z_1|>\frac{1}{\lambda}$，所以

$$\lim_{n\to\infty}\left|\frac{c_{n+1}z_1^{n+1}}{c_nz_1^n}\right|=\lambda|z_1|>1.$$

这与 $\left|\sum\limits_{n=0}^{\infty}c_nz_1^n\right|$ 收敛矛盾，故幂级数(4.3)在圆周 $|z|=\frac{1}{\lambda}$ 外发散.

例 4.3 求下列幂级数的收敛半径：

(1) $\sum\limits_{n=1}^{\infty}\frac{z^n}{n^{3/2}}$，并讨论其在收敛圆上的敛散性；

(2) $\sum\limits_{n=1}^{\infty}\frac{(z-1)^n}{n}$，并讨论其在点 $z=0,2$ 处的敛散性；

(3) $\sum\limits_{n=0}^{\infty}n!z^n$；　　(4) $\sum\limits_{n=1}^{\infty}\frac{z^n}{n^n}$.

解 (1) 由于

$$\lim_{n\to\infty}\left|\frac{c_{n+1}}{c_n}\right|=\lim_{n\to\infty}\left(\frac{n}{n+1}\right)^{3/2}=1,$$

所以 $R=1$. 在收敛圆 $|z|=1$ 上,级数 $\sum_{n=1}^{\infty}\left|\frac{z^n}{n^{3/2}}\right|=\sum_{n=1}^{\infty}\frac{1}{n^{3/2}}$ 是 $p=\frac{3}{2}$ 的 p 级数,故收敛. 所以,原级数在收敛圆上也收敛,且绝对收敛.

(2) 由于

$$\lim_{n\to\infty}\left|\frac{c_{n+1}}{c_n}\right|=\lim_{n\to\infty}\frac{n}{n+1}=1,$$

所以 $R=1$. 在收敛圆 $|z-1|=1$ 上的 $z=0$ 处,原级数变为交错级数 $\sum_{n=1}^{\infty}\frac{(-1)^n}{n}$,由莱布尼茨准则,它是收敛的. 在收敛圆上的 $z=2$ 处,原级数变为调和级数 $\sum_{n=1}^{\infty}\frac{1}{n}$,它是发散的. 此例表明,幂级数在其收敛圆上既可能有收敛点,也可能有发散点.

(3) 因为

$$\lim_{n\to\infty}\left|\frac{c_{n+1}}{c_n}\right|=\lim_{n\to\infty}\frac{(n+1)!}{n!}=+\infty,$$

所以 $R=0$.

(4) 因为

$$\lim_{n\to\infty}\sqrt[n]{|c_n|}=\lim_{n\to\infty}\sqrt[n]{\frac{1}{n^n}}=\lim_{n\to\infty}\frac{1}{n}=0,$$

所以 $R=+\infty$,即该级数在复平面上处处收敛.

4.2.4 幂级数的运算及性质

设幂级数 $\sum_{n=0}^{\infty}a_nz^n$ 与 $\sum_{n=0}^{\infty}b_nz^n$ 的收敛半径分别为 R_1 与 R_2,令 $R=\min\{R_1,R_2\}$,则在 $|z|<R$ 内,有

(1) $$\sum_{n=0}^{\infty}a_nz^n+\sum_{n=0}^{\infty}b_nz^n=\sum_{n=0}^{\infty}(a_n+b_n)z^n,$$

(2) $$\left(\sum_{n=0}^{\infty}a_nz^n\right)\left(\sum_{n=0}^{\infty}b_nz^n\right)=\sum_{n=0}^{\infty}c_nz^n,$$

其中 $c_n=a_nb_0+a_{n-1}b_1+a_{n-2}b_2+\cdots+a_0b_n$.

与实幂级数类似,复幂级数在其收敛圆内也有下列分析运算性质.

定理 4.7

设幂级数 $\sum_{n=0}^{\infty}c_n(z-a)^n$ 的收敛半径为 R,则

(1)它的和函数 $f(z)=\sum\limits_{n=0}^{\infty}c_n(z-a)^n$ 在收敛圆内解析；

(2)$f(z)$在收敛圆内任意阶可导,并且可以逐项求导：

$$f^{(k)}(z)=\left[\sum_{n=0}^{\infty}c_n(z-a)^n\right]^{(k)}=\sum_{n=k}^{\infty}n(n-1)\cdots(n-k+1)c_n(z-a)^{n-k}.$$

(3)$f(z)$在收敛圆内可积,并且可以逐项积分：

$$\int_\Gamma f(z)\mathrm{d}z=\sum_{n=0}^{\infty}c_n\int_\Gamma(z-a)^n\mathrm{d}z\ (\Gamma \text{ 为收敛圆内任意一光滑曲线}).$$

§4.3 泰勒级数

定理 4.7 指出,幂级数的和函数在其收敛圆内是解析的.那么在一个圆内解析的函数能否表示成一个幂级数呢？答案是肯定的.运用复幂级数的展开式,在理论和应用上都给解析函数的研究带来了极大的方便.

4.3.1 解析函数的泰勒展开定理

定理 4.8

设函数 $f(z)$在圆 $K=\{z:|z-z_0|<R\}$内解析,则在 K 内 $f(z)$可唯一地展开成幂级数

$$f(z)=\sum_{n=0}^{\infty}c_n(z-z_0)^n, \tag{4.5}$$

其中

$$c_n=\frac{1}{2\pi\mathrm{i}}\oint_{C_\rho}\frac{f(\zeta)}{(\zeta-z_0)^{n+1}}\mathrm{d}\zeta=\frac{f^{(n)}(z_0)}{n!}(n=0,1,2,\cdots),C_\rho:|z-z_0|=\rho<R.$$

证 设 z 为 K 内任意一点,总能在 K 内作一圆 $C_\rho:|\zeta-z_0|=\rho<R$ 使 z 含于 C_ρ 内部(见图 4.2).根据柯西积分公式,有

$$f(z)=\frac{1}{2\pi\mathrm{i}}\oint_{C_\rho}\frac{f(\zeta)}{\zeta-z}\mathrm{d}\zeta. \tag{4.6}$$

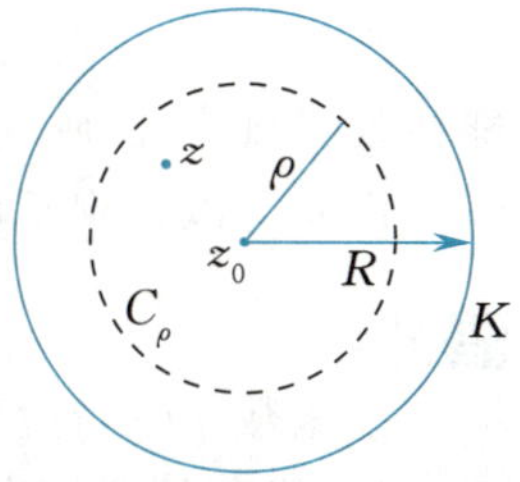

图 4.2

而

$$\frac{1}{\zeta-z}=\frac{1}{(\zeta-z_0)-(z-z_0)}=\frac{1}{\zeta-z_0}\frac{1}{1-\dfrac{z-z_0}{\zeta-z_0}}$$

$$=\frac{1}{\zeta-z_0}\left[1+\frac{z-z_0}{\zeta-z_0}+\left(\frac{z-z_0}{\zeta-z_0}\right)^2+\cdots+\left(\frac{z-z_0}{\zeta-z_0}\right)^n+\cdots\right]=\sum_{n=0}^{\infty}\frac{(z-z_0)^n}{(\zeta-z_0)^{n+1}},$$

所以

$$\frac{f(\zeta)}{\zeta-z}=\sum_{n=0}^{\infty}\frac{f(\zeta)}{(\zeta-z_0)^{n+1}}(z-z_0)^n, \tag{4.7}$$

$$f(z)=\frac{1}{2\pi\mathrm{i}}\oint_{C_\rho}\frac{f(\zeta)}{\zeta-z}\mathrm{d}\zeta=\sum_{n=0}^{\infty}\left[\frac{1}{2\pi\mathrm{i}}\oint_{C_\rho}\frac{f(\zeta)}{(\zeta-z_0)^{n+1}}\mathrm{d}\zeta\right](z-z_0)^n=\sum_{n=0}^{\infty}c_n(z-z_0)^n,$$

其中

$$c_n=\frac{1}{2\pi i}\oint_{C_\rho}\frac{f(\zeta)}{(\zeta-z_0)^{n+1}}d\zeta=\frac{f^{(n)}(z_0)}{n!}\quad(n=0,1,2,\cdots).$$

反证法 证明展开式(4.5)的唯一性.假设函数 $f(z)$在 K 内能展开为另一幂级数:

$$f(z)=\sum_{n=0}^{\infty}\bar{c}_n(z-z_0)^n,$$

易见 $f(z_0)=\bar{c}_0$,并且由定理 4.7 中的(2),$f^{(n)}(z_0)=\bar{c}_n n!$,故有 $\bar{c}_n=\frac{1}{n!}f^{(n)}(z_0)$. 这就是说,任何在 K 内解析的函数 $f(z)$展开为幂级数的系数都是$\frac{1}{n!}f^{(n)}(z_0)$,因而展开式是唯一的.

式(4.5)称为函数 $f(z)$在点 z_0 处的**泰勒展开式**,其右端的幂级数称为函数 $f(z)$在点 z_0 处的**泰勒级数**,系数 $c_n=\frac{1}{n!}f^{(n)}(z_0)$称为**泰勒系数**.

定理 4.8 无论在理论还是应用上都有重要意义,这表现在以下两个方面.

(1) 它圆满地解决了关于将解析函数表示成幂级数的三个基本理论问题:解析函数能否表示成幂级数;若能,怎么表示;表示式是否唯一.

(2)结合它与定理 4.7 可得到解析函数的又一个等价条件:函数 $f(z)$在点 z_0 处解析的充要条件是,它在 z_0 的某一邻域内有幂级数展开式.该等价条件从级数的角度揭示了解析函数的本质属性,是实变函数没有的.

由上节可知幂级数的收敛半径是由它的系数唯一确定的.现在又知道幂级数在其收敛圆内等价于一个解析函数,那么幂级数的收敛半径与幂级数的和函数有无关系?为此需要研究幂级数的和函数在收敛圆上的状况,下面的定理给出了这方面的一个结果.

定理 4.9

幂级数的和函数 $f(z)$在收敛圆上至少有一个奇点.

因为 $f(z)$在收敛圆内解析,所以它的奇点不可能在收敛圆内.又因为 $f(z)$的所有奇点也不能在收敛圆外,否则,它的收敛半径还可以扩大.所以 $f(z)$至少有一个奇点在收敛圆上.

由此可以得到下面的推论.

推论 4.2

设函数 $f(z)$在区域 D 内解析,$z_0\in D$,α 为 $f(z)$在 D 内距 z_0 最近的一个奇点,则使展开式(4.5)成立的圆的半径 $R=|\alpha-z_0|$.

4.3.2 求解析函数泰勒展开式的方法

直接展开法:直接算出函数 $f(z)$在点 z_0 处的各阶导数及泰勒系数,代入展开式(4.5).

例如,函数 $f(z)=e^z$ 在复平面上处处解析,且

$$(e^z)^{(n)}|_{z=0}=1(n=0,1,2,\cdots),$$

所以用直接展开法,易知 e^z 在 $z=0$ 处的泰勒展开式为

$$e^z=1+z+\frac{z^2}{2!}+\cdots+\frac{z^n}{n!}+\cdots(|z|<+\infty).$$

用同样的方法可得

$$\sin z=z-\frac{z^3}{3!}+\frac{z^5}{5!}-\cdots+(-1)^n\frac{z^{2n+1}}{(2n+1)!}+\cdots(|z|<+\infty),$$

$$\cos z=1-\frac{z^2}{2!}+\frac{z^4}{4!}-\cdots+(-1)^n\frac{z^{2n}}{(2n)!}+\cdots(|z|<+\infty).$$

间接展开法：根据展开式的唯一性，借助一些已知函数的展开式，并利用幂级数的代数运算、变量代换和分析运算等性质求得函数 $f(z)$ 的展开式.

例如，由于对数函数(主值分支) $\ln(1+z)$ 在从 $z=-1$ 向左沿负实轴剪开的复平面上解析，$z=-1$ 是它的一个奇点，故其在 $|z|<1$ 内可展开为幂级数. $[\ln(1+z)]'=\frac{1}{1+z}$，而利用式(4.4)可得 $\frac{1}{1+z}$ 的泰勒展开式：

$$\frac{1}{1+z}=1-z+z^2-\cdots+(-1)^n z^n+\cdots(|z|<1).$$

再利用幂级数的逐项积分性质，在收敛圆 $|z|=1$ 中任取一条从 0 到 z 的积分曲线 Γ，将上式两端沿 Γ 逐项积分即得

$$\ln(1+z)=\int_0^z\frac{d\zeta}{1+\zeta}=\int_0^z d\zeta-\int_0^z\zeta d\zeta+\int_0^z\zeta^2 d\zeta-\cdots+(-1)^n\int_0^z\zeta^n d\zeta+\cdots,$$

所以

$$\ln(1+z)=z-\frac{z^2}{2}+\frac{z^3}{3}-\frac{z^4}{4}+\cdots+(-1)^n\frac{z^{n+1}}{n+1}+\cdots(|z|<1).$$

根据展开式的唯一性可知，上式就是所求的泰勒展开式.

例 4.4 求下列函数在给定点 z_0 处的泰勒展开式，并指出它们的收敛半径：

(1) $f(z)=\frac{1}{1-z-2z^2}$，$z_0=0$；

(2) $f(z)=\frac{1}{z^2}$，$z_0=1$.

解 (1) 由于

$$f(z)=\frac{1}{3}\left(\frac{1}{1+z}+\frac{2}{1-2z}\right),$$

$$\frac{1}{1+z}=\sum_{n=0}^{\infty}(-1)^n z^n=1-z+z^2-z^3+\cdots+(-1)^n z^n+\cdots(|z|<1),$$

$$\frac{1}{1-2z}=\sum_{n=0}^{\infty}2^n z^n=1+2z+2^2z^2+\cdots+2^n z^n+\cdots\left(|z|<\frac{1}{2}\right),$$

所以

$$f(z)=\frac{1}{3}\left[\sum_{n=0}^{\infty}(-1)^n z^n+2\sum_{n=0}^{\infty}2^n z^n\right]=\sum_{n=0}^{\infty}\frac{(-1)^n+2^{n+1}}{3}z^n\left(|z|<\frac{1}{2}\right).$$

因为 $z_0=0$ 到 $f(z)$ 的模最小的奇点 $z=\frac{1}{2}$ 的距离为 $\frac{1}{2}$，故收敛半径 $R=\frac{1}{2}$.

(2)因为

$$\frac{1}{z}=\frac{1}{1+(z-1)}=\sum_{n=0}^{\infty}(-1)^n(z-1)^n(|z-1|<1),$$

故将上式两端逐项求导即得所求函数在 $z=1$ 处的泰勒展开式：

$$\frac{1}{z^2}=\sum_{n=1}^{\infty}(-1)^{n-1}n(z-1)^{n-1}(|z-1|<1).$$

显然，它的收敛半径 $R=1$.

§4.4 洛朗级数

上一节证明了在以 z_0 为圆心的圆 $|z-z_0|=R$ 内解析的函数 $f(z)$，在该圆内可以展开成 $z-z_0$ 的幂级数. 本节讨论在圆环内解析(在点 z_0 处不解析)的函数能否用某种级数来展开的问题.

4.4.1 双边幂级数

函数 $f(z)=\frac{1}{z(1-z)}$ 在点 $z=0$ 与 $z=1$ 处都不解析，但它在这两点的去心邻域 $0<|z|<1$ 与 $0<|z-1|<1$ 内处处解析. 首先考察在圆环 $0<|z|<1$ 内的情形. 此时，显然有 $f(z)=\frac{1}{z}+\frac{1}{1-z}$.

当 $|z|<1$ 时，

$$\frac{1}{1-z}=1+z+z^2+\cdots+z^n+\cdots,$$

因此，$f(z)$ 在 $0<|z|<1$ 内可以展开为级数

$$f(z)=z^{-1}+1+z+z^2+\cdots+z^n+\cdots.$$

用类似的方法可知，在圆环 $0<|z-1|<1$ 内，$f(z)$ 也可以展开为级数. 事实上，

$$\begin{aligned}f(z)&=\frac{1}{1-z}+\left[\frac{1}{1-(1-z)}\right]\\&=(1-z)^{-1}+1+(1-z)+(1-z)^2+\cdots+(1-z)^{n-1}+\cdots.\end{aligned}$$

由此可见，该函数在两个圆环内都能展开为级数，只是这两个级数中既含有 z(或 $1-z$)的正(整数)幂项，也含有负(整数)幂项罢了. 由此猜测在圆环 $0\leqslant R_1<|z-z_0|<R_2$ 内解析的函数是否都可以展开成形如上述类型的级数.

先探讨具有如下形式的级数：

$$\sum_{n=-\infty}^{+\infty}c_n(z-z_0)^n=\cdots+c_{-n}(z-z_0)^{-n}+\cdots+c_{-1}(z-z_0)^{-1}+$$

$$\begin{aligned}&c_0+c_1(z-z_0)+\cdots+c_n(z-z_0)^n+\cdots\\=&\sum_{n=1}^{+\infty}c_{-n}(z-z_0)^{-n}+\sum_{n=0}^{+\infty}c_n(z-z_0)^n,\end{aligned}\tag{4.8}$$

通常称形如式(4.8)的级数为**双边幂级数**.

双边幂级数(4.8)中的正幂项部分 $\sum_{n=0}^{+\infty}c_n(z-z_0)^n$ 是一个普通的幂级数.设它的收敛半径为 R_2,则当 $|z-z_0|<R_2$ 时,该级数收敛,当 $|z-z_0|>R_2$ 时,该级数发散.对负幂项部分 $\sum_{n=1}^{+\infty}c_{-n}(z-z_0)^{-n}$ 进行变换 $\zeta=(z-z_0)^{-1}$,其就变成一个关于 ζ 的幂级数 $\sum_{n=1}^{+\infty}c_{-n}\zeta^n$,设它的收敛半径为 R,则当 $|\zeta|<R$ 时,该级数收敛,当 $|\zeta|>R$ 时,该级数发散.因此,要判定负幂项部分的收敛范围,将 ζ 用 $(z-z_0)^{-1}$ 代回就可以了.令 $R_1=\dfrac{1}{R}$,则当 $|z-z_0|>R_1$ 时负幂项部分收敛,当 $|z-z_0|<R_1$ 时发散.

对于双边幂级数,规定:当且仅当正幂项部分和负幂项部分同时收敛时,称双边幂级数(4.8)收敛.显然,当 $R_1>R_2$ 时,正幂项部分与负幂项部分没有共同的收敛区域[见图 4.3 (a)].当 $R_1<R_2$ 时,这两部分才有共同的收敛区域,即圆环 $R_1<|z-z_0|<R_2$[见图 4.3 (b)],这个圆环就是该双边幂级数的收敛域(在圆环的边界 $|z-z_0|=R_1$ 与 $|z-z_0|=R_2$ 上既可能有收敛点,也可能有分散点),其中 R_1 可以为零,R_2 可以为 $+\infty$.

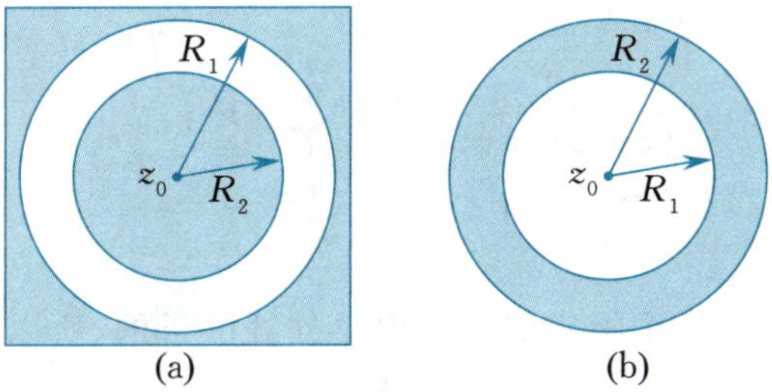

图 4.3

双边幂级数(4.8)在收敛圆环 $R_1<|z-z_0|<R_2$ 内也具有通常的幂级数在收敛圆内所具有的类似性质.它在收敛圆环内的和函数是解析函数,而且可以逐项求导、逐项积分等.

定理 4.10

设函数 $f(z)$ 在圆环 $R_1<|z-z_0|<R_2$ 内解析,则在此圆环内 $f(z)$ 必能唯一地展开成双边幂级数:

$$f(z)=\sum_{n=-\infty}^{+\infty}c_n(z-z_0)^n,\tag{4.9}$$

其中,
$$c_n=\frac{1}{2\pi\mathrm{i}}\oint_C\frac{f(\zeta)}{(\zeta-z_0)^{n+1}}\mathrm{d}\zeta,\ n=0,\pm1,\pm2,\cdots,\tag{4.10}$$

这里 C 为该圆环内任意绕 z_0 的正向简单闭曲线.

式(4.9)称为函数 $f(z)$ 在点 z_0 处的洛朗展开式,它右端的级数称为函数 $f(z)$ 在点 z_0 处的洛朗级数.其中正幂项部分 $\sum_{n=0}^{+\infty} c_n(z-z_0)^n$ 与负幂项部分 $\sum_{n=1}^{+\infty} c_{-n}(z-z_0)^{-n}$ 分别称为洛朗级数的**解析部分**与**主要部分**.

4.4.2 求圆环内解析函数洛朗展开式的方法

定理 4.10 给出了求圆环内解析函数洛朗展开式的一般方法,也称为直接展开法.但是计算系数 c_n 往往比较麻烦.根据洛朗展开式的唯一性,也可以像求解析函数的泰勒展开式那样,采用**间接展开法**,即利用代数运算、变量代换、逐项求导与积分等方法,得到洛朗展开式.

例 4.5 将函数 $f(z)=\dfrac{e^z-1}{z^4}$ 在圆环 $0<|z|<+\infty$ 内展开为洛朗级数.

解 利用间接展开法.由于

$$e^z-1=\sum_{n=0}^{\infty}\frac{z^n}{n!}-1=z+\frac{z^2}{2!}+\frac{z^3}{3!}+\frac{z^4}{4!}+\cdots+\frac{z^n}{n!}+\cdots$$

所以

$$\begin{aligned}\frac{e^z-1}{z^4}&=\frac{1}{z^4}\left(z+\frac{z^2}{2!}+\frac{z^3}{3!}+\frac{z^4}{4!}+\frac{z^5}{5!}+\cdots\right)\\&=\frac{1}{z^3}+\frac{1}{2!}\cdot\frac{1}{z^2}+\frac{1}{3!}\frac{1}{z}+\frac{1}{4!}+\frac{1}{5!}z+\cdots(0<|z|<+\infty).\end{aligned}$$

例 4.6 将函数 $f(z)=\dfrac{1}{(z-2)(z-3)}$ 分别在圆环:

(1)$0<|z|<2$; (2)$2<|z|<3$; (3)$3<|z|<+\infty$

内展开为洛朗级数.

解 由于函数 $f(z)$ 在三个给定的圆环内是处处解析的,所以它在这些区域内都可以展开为洛朗级数.

(1)在圆环 $0<|z|<2$ 内,$\left|\dfrac{z}{2}\right|<1$,$\left|\dfrac{z}{3}\right|<1$,所以

$$\begin{aligned}f(z)&=\frac{1}{z-3}-\frac{1}{z-2}=-\frac{1}{3}\cdot\frac{1}{1-\dfrac{z}{3}}+\frac{1}{2}\cdot\frac{1}{1-\dfrac{z}{2}}\\&=\sum_{n=0}^{\infty}\left(\frac{1}{2^{n+1}}-\frac{1}{3^{n+1}}\right)z^n.\end{aligned}$$

(2)在圆环 $2<|z|<3$ 内,$\left|\dfrac{2}{z}\right|<1$,$\left|\dfrac{z}{3}\right|<1$,所以

$$\begin{aligned}f(z)&=\frac{1}{z-3}-\frac{1}{z-2}=-\frac{1}{3}\cdot\frac{1}{1-\dfrac{z}{3}}-\frac{1}{z}\cdot\frac{1}{1-\dfrac{2}{z}}\\&=\sum_{n=0}^{\infty}\left(-\frac{1}{3^{n+1}}z^n-\frac{2^n}{z^{n+1}}\right).\end{aligned}$$

(3)在圆环 $2<|z|<+\infty$ 内，$\left|\frac{3}{z}\right|<1$，$\left|\frac{2}{z}\right|<1$，故

$$f(z)=\frac{1}{z-3}-\frac{1}{z-2}=\frac{1}{z}\cdot\frac{1}{1-\frac{3}{z}}-\frac{1}{z}\cdot\frac{1}{1-\frac{2}{z}}$$

$$=\sum_{n=0}^{\infty}\frac{3^n-2^n}{z^{n+1}}.$$

例 4.7 求函数 $f(z)=\frac{1}{z^2+1}$ 在以 $z=\mathrm{i}$ 为圆心的圆环内的洛朗展开式.

解 函数 $f(z)$ 在复平面上有两个奇点 $z=\mathrm{i}$ 与 $z=-\mathrm{i}$，可在下列不含奇点的圆环内展开：

$$0<|z-\mathrm{i}|<2;\quad 2<|z-\mathrm{i}|<+\infty.$$

①在 $0<|z-\mathrm{i}|<2$ 内，由于 $0<\left|\frac{z-\mathrm{i}}{2\mathrm{i}}\right|<1$，所以

$$f(z)=\frac{1}{(z+\mathrm{i})(z-\mathrm{i})}=\frac{1}{(z-\mathrm{i})(z-\mathrm{i}+2\mathrm{i})}=\frac{1}{2\mathrm{i}(z-\mathrm{i})\left(1+\frac{z-\mathrm{i}}{2\mathrm{i}}\right)}$$

$$=\frac{1}{2\mathrm{i}(z-\mathrm{i})}\sum_{n=0}^{\infty}(-1)^n\frac{(z-\mathrm{i})^n}{(2\mathrm{i})^n}=\sum_{n=0}^{\infty}(-1)^n\frac{(z-\mathrm{i})^{n-1}}{(2\mathrm{i})^{n+1}}.$$

②在 $2<|z-\mathrm{i}|<+\infty$ 内，由于 $0<\left|\frac{2\mathrm{i}}{z-\mathrm{i}}\right|<1$，所以

$$f(z)=\frac{1}{(z+\mathrm{i})(z-\mathrm{i})}=\frac{1}{(z-\mathrm{i})^2\left(1+\frac{2\mathrm{i}}{z-\mathrm{i}}\right)}$$

$$=\frac{1}{(z-\mathrm{i})^2}\sum_{n=0}^{\infty}(-1)^n\left(\frac{2\mathrm{i}}{z-\mathrm{i}}\right)^n=\sum_{n=0}^{\infty}(-1)^n\frac{(2\mathrm{i})^n}{(z-\mathrm{i})^{n+2}}.$$

本章小结

1. 复级数

(1)复级数 $\sum_{n=1}^{\infty}\alpha_n$ 收敛的充分必要条件是对应的实部和虚部组成的级数 $\sum_{n=1}^{\infty}a_n$ 和 $\sum_{n=1}^{\infty}b_n$ 都收敛，其中 $\alpha_n=a_n+\mathrm{i}b_n$.

(2)如果级数 $\sum_{n=1}^{\infty}|\alpha_n|$ 收敛，则称级数 $\sum_{n=1}^{\infty}\alpha_n$ 绝对收敛.

(3)如果级数 $\sum_{n=1}^{\infty}|\alpha_n|$ 发散，但级数 $\sum_{n=1}^{\infty}a_n$ 收敛，则称级数 $\sum_{n=1}^{\infty}\alpha_n$ 条件收敛.

2. 复幂级数

反映幂级数 $\sum_{n=0}^{\infty} c_n(z-z_0)^n$ 收敛性的定理是阿贝尔定理，由该定理可知幂级数的收敛域有如下几种情况.

(1) 仅在点 z_0 处收敛，此时收敛半径为零；

(2) 在以 z_0 为圆心、大于零的实数 R 为半径的圆域 $|z-z_0|<R$ 内收敛，收敛半径为有限数 R；

(3) 在整个复平面上收敛，收敛半径为 $+\infty$.

收敛半径的计算方法如下.

(1)比值公式：如果

$$\lim_{n\to\infty}\left|\frac{c_{n+1}}{c_n}\right|=\rho,$$

当 $\rho\neq 0$ 时，则 $R=\frac{1}{\rho}$；当 $\rho=0$ 时，则 $R=+\infty$；当 $\rho=+\infty$时，则 $R=0$.

(2)根值公式：如果

$$\lim_{n\to\infty}\sqrt[n]{|a_n|}=\rho,$$

当 $\rho\neq 0$ 时，则 $R=\frac{1}{\rho}$；当 $\rho=0$ 时，则 $R=+\infty$；当 $\rho=+\infty$时，则 $R=0$.

幂级数的和函数在收敛域内是一个解析函数，而且可以逐项求导，逐项积分.

3. 泰勒级数

如果函数 $f(z)$在圆 $|z-z_0|=R$ 内解析，则其在此圆内可以展开成幂级数，即

$$f(z)=\sum_{n=0}^{\infty}\frac{f^{(n)}(z_0)}{n!}(z-z_0)^n,$$

并称它为 $f(z)$在点 z_0 处的泰勒展开式，上式右端的级数称为 $f(z)$在点 z_0 处的泰勒级数.

将一个函数展开为泰勒级数常用的方法有以下两种.

(1)直接展开法：系数 $c_n=\frac{f^{(n)}(z_0)}{n!}$，$n=0,1,2,\cdots$.

(2)间接展开法：借助已知函数的展开式，利用代数运算、变量代换、逐项求导与积分求该函数的展开式.

4. 洛朗级数

如果函数 $f(z)$在圆环 $r<|z-z_0|<R$ 内解析，那么在此圆环内 $f(z)$可展开成洛朗级数 $f(z)=\sum_{n=-\infty}^{+\infty}c_n(z-z_0)^n$，$r<|z-z_0|<R$，其中 $c_n=\frac{1}{2\pi i}\oint_C\frac{f(\zeta)}{(\zeta-z_0)^{n+1}}d\zeta$，$n=0,\pm 1,\pm 2,\cdots$，这里 C 为圆环 $r<|z-z_0|<R$ 内任意一条绕 z_0 的正向简单闭曲线，且展式唯一. 求一个定义在圆环内解析函数的洛朗级数的方法与泰勒级数的方法相似，常用的方法为**直接展开法**和**间接展开法**，在求洛朗级数时，更多地利用间接展开法. 要注意的是，在圆环内导数公式

$$\frac{f^{(n)}(z_0)}{n!}=\frac{1}{2\pi i}\oint_C\frac{f(\xi)}{(\xi-z_0)^{n+1}}d\xi$$

不再成立.同时,一个函数在同一个圆环内的洛朗级数是唯一的,无论用什么方法得到这个展开式,但是在不同的圆环内的展开式可以是不同的.

中国复分析专家

周向宇,男,1965 年 3 月出生,1990 年在中国科学院数学与系统科学研究院数学研究所博士毕业,1998 年获俄罗斯科学院圣彼得堡斯捷克洛夫数学所科学博士学位,2003 年 2 月至 2012 年 6 月,担任中国科学院数学与系统科学研究院数学研究所所长;2013 年 12 月,当选中国科学院院士;2018 年 2 月,当选发展中国家科学院院士。周向宇院士研究的领域为基础数学中的多复变和复几何,他在该领域解决了在苏联《数学百科全书》中被列为未解决问题的扩充未来光管猜想,该工作被写入史料性著作《二十世纪的数学大事》《数学的发展:1950—2000》;他与学生合作解决了一个关于解析延拓最优估计的重要问题;他还证明了关于全纯包单叶性问题的谢尔盖耶夫猜想等.周向宇的数学研究也并非一帆风顺,在他博士毕业期间接触了扩充未来光管猜想,这在当时是一个无人能解决的问题.凭借着非凡的毅力和决心,周向宇经过长达数年的研究,终于在 1997 年初解决了扩充未来光管猜想,当即震惊国际数学界.此后,周向宇还先后证明了关于矩阵莱因哈特域为全纯域的刻画之猜想,与他人合作解决了 L^2 延拓定理中的最优常数问题等数学难题.

习题 4

1. 下列数列$\{\alpha_n\}$是否收敛?如果收敛,求出它们的极限.

(1)$\alpha_n=\dfrac{1}{\sqrt{n+1}}+i(-1)^n$;　　(2)$\alpha_n=\dfrac{1+ni}{1-ni}$;

(3)$\alpha_n=(-1)^n+\dfrac{i}{3^n}$;　　(4)$\alpha_n=e^{-\frac{n\pi i}{2}}$;

(5)$\alpha_n=\dfrac{1}{n}e^{-\frac{n\pi i}{2}}$;　　(6)$\alpha_n=\left(1+\dfrac{i}{3}\right)^{-n}$.

2. 若复级数 $\sum\limits_{n=1}^{\infty}\alpha_n$ 与 $\sum\limits_{n=1}^{\infty}\beta_n$ 都发散,则复级数 $\sum\limits_{n=1}^{\infty}\alpha_n\pm\beta_n$ 和 $\sum\limits_{n=1}^{\infty}\alpha_n\beta_n$ 也都发散,这一命题是否成立?为什么?

3. 下列复级数是否收敛?是绝对收敛还是条件收敛?

(1) $\sum\limits_{n=1}^{\infty}\dfrac{i^n}{n^2}$;　　(2) $\sum\limits_{n=1}^{\infty}\dfrac{i^n}{n}$;

(3) $\sum\limits_{n=2}^{\infty}\dfrac{i^n}{\ln n}$;　　(4) $\sum\limits_{n=0}^{\infty}\dfrac{(1+i)^n}{n!}$;

(5) $\sum\limits_{n=1}^{\infty}\dfrac{(1+\mathrm{i})^3}{\sqrt{n+1}}$；　　(6) $\sum\limits_{n=0}^{\infty}\dfrac{\cos \mathrm{i}n}{2^n}$.

4. 下列说法是否正确？为什么？

(1) 每一个幂级数在它的收敛圆上处处收敛；

(2) 每一个幂级数的和函数在收敛圆内可能有奇点.

5. 求下列级数的收敛半径和收敛域.

(1) $\sum\limits_{n=1}^{\infty}\dfrac{z^n}{n^3}$；　　(2) $\sum\limits_{n=1}^{\infty}\dfrac{(z-1)^n}{n^2}$；

(3) $\sum\limits_{n=0}^{\infty}\dfrac{(z-\mathrm{i})^n}{n!}$；　　(4) $\sum\limits_{n=1}^{\infty}\dfrac{z^n}{n^2 2^n}$；

(5) $\sum\limits_{n=1}^{\infty}(1+2\mathrm{i})^n z^n$.

6. 求出下列级数的和函数：

(1) $\sum\limits_{n=1}^{\infty}(-1)^n n z^n$；　　(2) $\sum\limits_{n=1}^{\infty}(-1)^{n-1}\dfrac{z^n}{n}$.

7. 设级数 $\sum\limits_{n=0}^{\infty}c_n$ 收敛，而 $\sum\limits_{n=0}^{\infty}|c_n|$ 发散，证明 $\sum\limits_{n=0}^{\infty}c_n z^n$ 的收敛半径为 1.

8. 若级数 $\sum\limits_{n=0}^{\infty}c_n z^n$ 在点 z_0 处发散，证明该级数对于所有满足 $|z|>|z_0|$ 的点 z 都发散.

9. 将下列函数展开成 z 的幂级数，并指出其收敛半径.

(1) $\dfrac{1}{1+z^3}$；　　(2) $\dfrac{1}{(1-z)^2}$；

(3) e^{z^2}；　　(4) $\cos 2z$.

10. 将下列函数在指定点 z_0 处展开成泰勒级数，并指出其收敛圆.

(1) $\dfrac{1}{2z-3}$ 在 $z=1$ 处；

(2) $\dfrac{z+1}{z-1}$ 在 $z=0$ 处；

(3) $\dfrac{1}{z^2}$ 在 $z=-1$ 处；

(4) $\dfrac{z}{(z+1)(z+2)}$ 在 $z=2$ 处；

(5) $\mathrm{Arctan}\, z$ 在 $z=0$ 处；

(6) $\dfrac{z}{z^2-3z-4}$ 在 $z=0$ 处.

11. 求函数 $f(z)=\dfrac{2z+1}{z^2+z-2}$ 的以 $z=0$ 为圆心的各个圆环内的洛朗级数.

12. 在 $0<|z-1|<+\infty$ 内将函数 $f(z)=\sin\dfrac{z}{z-1}$ 展开为洛朗级数.

13. 把下列函数在指定的圆环内展开为洛朗级数.

(1) $\dfrac{1}{z(z-1)}$, $0<|z|<1$, $0<|z-1|<1$;

(2) $\dfrac{1}{z^2(z-1)}$, $0<|z|<1$, $0<|z-1|<1$;

(3) $\dfrac{1}{(z-1)(z-2)}$, $0<|z-1|<1$, $1<|z-2|<+\infty$;

(4) $\dfrac{2}{z+2}e^{\frac{1}{z+2}}$, $0<|z+2|<+\infty$;

(5) $\dfrac{1}{z(z-i)}$,在以 i 为圆心的圆环内.

14. 有人进行了下列运算:

$$\frac{z}{1-z}=z+z^2+z^3+\cdots,$$

$$\frac{z}{z-1}=1+\frac{1}{z}+\frac{1}{z^2}+\cdots.$$

因为 $\dfrac{z}{1-z}+\dfrac{z}{z-1}=0$,所以有结果

$$\cdots+\frac{1}{z^3}+\frac{1}{z^2}+\frac{1}{z}+1+z+z^2+z^3+\cdots=0.$$

你认为正确吗?为什么?

15. 证明函数 $f(z)=\cos\left(z+\dfrac{1}{z}\right)$ 用 z 的幂表示的洛朗展开式中的系数为

$$c_n=\frac{1}{2\pi}\int_0^{2\pi}\cos(2\cos\theta)\cos n\theta\,d\theta,\ n=0,\pm1,\pm2,\cdots.$$

第 5 章　留数理论及其应用

本章从洛朗级数着手，对函数的孤立奇点进行分类，介绍留数的概念及计算方法，进而引入本章的中心内容——留数定理. 利用留数定理能够将计算沿闭曲线的积分转化为计算函数在孤立奇点处的留数，对于定积分中的一部分较难、较繁的反常积分，使用留数可以大大简化其计算. 实际上柯西-古萨定理、柯西积分公式和高阶导数公式都是留数定理的特殊情况. 留数定理是探讨留数理论的基础，在实际应用中具有重要的意义.

§5.1　孤立奇点

5.1.1　孤立奇点的定义

定义 5.1　若 z_0 为函数 $f(z)$ 的一个奇点，但存在 z_0 的一个去心邻域 $0<|z-z_0|<\delta$，$f(z)$ 在其内处处解析，则称 z_0 为 $f(z)$ 的**孤立奇点**.

例 5.1　$z=1$ 是 $\dfrac{1}{z-1}$ 的孤立奇点，$z=0$ 是 $e^{\frac{1}{z}}$ 的孤立奇点.

注　并非所有的奇点都是孤立奇点.

例 5.2　$z_k=\dfrac{1}{k}(k=\pm1,\pm2,\cdots)$ 是函数 $f(z)=\dfrac{1}{\sin\dfrac{\pi}{z}}$ 的孤立奇点，但 $z=0$ 是其奇点而不是孤立奇点，因为在 $z=0$ 的任何邻域中，总有形如 $z_k=\dfrac{1}{k}$ 的奇点.

5.1.2 孤立奇点的分类

若 z_0 是函数 $f(z)$的孤立奇点，则 $f(z)$在 $0<|z-z_0|<\delta$ 内解析，并可展开为洛朗级数，即

$$f(z)=\sum_{n=0}^{+\infty}c_n(z-z_0)^n+\sum_{n=1}^{+\infty}c_{-n}(z-z_0)^{-n},$$

该级数中所含的 $z-z_0$ 负幂项部分反映了 $f(z)$在点 z_0 处的奇异性质，按照展开式中负幂项的不同情况，将孤立奇点分为三类：

(1)不含负幂项，则称 z_0 为 $f(z)$的**可去奇点**；

(2)只含有限多个负幂项，则称 z_0 为 $f(z)$的**极点**；

(3)含无穷多个负幂项，则称 z_0 为 $f(z)$的**本性奇点**.

1) 可去奇点

此时函数 $f(z)$在 $0<|z-z_0|<\delta$ 内的洛朗级数实际为一个幂级数：

$$c_0+c_1(z-z_0)+c_2(z-z_0)^2+\cdots+c_n(z-z_0)^n+\cdots.$$

这个幂级数在圆 $|z-z_0|=\delta$ 内是收敛的，其和函数为

$$F(z)=\begin{cases}c_0, & z=z_0,\\ f(z), & 0<|z-z_0|<\delta.\end{cases}$$

$F(z)$在 $|z-z_0|<\delta$ 内是解析的，所以无论 $f(z)$原来在点 z_0 处是否有定义，只要重新定义

$$f(z_0)=c_0,$$

那么在圆 $|z-z_0|=\delta$ 内，就有

$$f(z)=c_0+c_1(z-z_0)+c_2(z-z_0)^2+\cdots+c_n(z-z_0)^n+\cdots,$$

因此 $f(z)$在点 z_0 处就解析了. 因此，称 z_0 为 $f(z)$的可去奇点.

例 5.3 $z=0$ 是函数 $f(z)=\dfrac{\sin z}{z}$的可去奇点. 因为

$$\frac{\sin z}{z}=\frac{1}{z}\left(z-\frac{z^3}{3!}+\frac{z^5}{5!}-\cdots\right)=1-\frac{z^2}{3!}+\frac{z^4}{5!}-\cdots,0<|z|<+\infty$$

不含 z 的负幂项，且 $\lim\limits_{z\to 0}\dfrac{\sin z}{z}=1$，故只要重新定义 $f(z)$在 $z=0$ 处的值为 1，则 $f(z)$在 $z=0$ 处就解析了.

对于可去奇点. 显然有 $\lim\limits_{z\to z_0}f(z)=c_0$ 成立.

2)极点

若函数 $f(z)$在 $0<|z-z_0|<\delta$ 内的洛朗级数中只含有限多个 $z-z_0$ 的负幂项，且关于 $(z-z_0)^{-1}$ 的最高幂项为 $(z-z_0)^{-m}$，即

$$f(z)=\frac{c_{-m}}{(z-z_0)^m}+\cdots+\frac{c_{-2}}{(z-z_0)^2}+\frac{c_{-1}}{z-z_0}+\sum_{n=0}^{+\infty}c_n(z-z_0)^n(m\geqslant 1,c_{-m}\neq 0),$$

则称 z_0 为 $f(z)$的 m **级极点**.

若记

$$g(z)=c_{-m}+c_{-m+1}(z-z_0)+c_{-m+2}(z-z_0)^2+\cdots+c_{-1}(z-z_0)^{m-1}+\sum_{n=0}^{+\infty}c_n(z-z_0)^{n+m},$$

则有

$$f(z)=\frac{1}{(z-z_0)^m}g(z), \tag{5.1}$$

其中 $g(z)$ 在 $|z-z_0|<\delta$ 内解析且 $g(z_0)\neq 0$. 反过来，如果函数 $f(z)$ 能表示成式(5.1)的形式，$g(z)$ 在 $|z-z_0|<\delta$ 内解析且 $g(z_0)\neq 0$，那么 z_0 必定是 $f(z)$ 的 m 级极点. 这样就证明了：z_0 是 $f(z)$ 的 m 级极点的充要条件是式(5.1)成立，其中 $g(z)$ 在 z_0 的邻域内解析且 $g(z_0)\neq 0$.

根据上述充要条件可知：设函数 $f(z)$ 在 $0<|z-z_0|<\delta$ 内解析，若 z_0 是 $f(z)$ 的极点. 则必有 $\lim\limits_{z\to z_0}f(z)=\infty$.

例 5.4 设函数 $f(z)=\dfrac{\sin z}{(z^2+4)(z-1)^3}$，求出它的所有孤立奇点，并判断它们的类型.

解 易见 $z=\pm 2\mathrm{i}, z=1$ 是 $f(z)$ 的所有孤立奇点. 根据 z_0 是 m 级极点的充要条件是式(5.1)成立，可知 $z=\pm 2\mathrm{i}$ 是 $f(z)$ 的一级极点，$z=1$ 是 $f(z)$ 的三级极点.

3)本性奇点

如果函数 $f(z)$ 在点 z_0 处的洛朗级数中含有无穷多个 $z-z_0$ 的负幂项，那么称孤立奇点 z_0 为 $f(z)$ 的本性奇点.

例 5.5 $f(z)=\mathrm{e}^{\frac{1}{z}}$ 在 $z=0$ 处的洛朗展开式为

$$\mathrm{e}^{\frac{1}{z}}=1+z^{-1}+\frac{1}{2!}z^{-2}+\cdots+\frac{1}{n!}z^{-n}+\cdots,$$

故 $z=0$ 是它的本性奇点.

设函数 $f(z)$ 在 $0<|z-z_0|<\delta$ 内解析，若 z_0 是 $f(z)$ 的本性奇点，则 $\lim\limits_{z\to z_0}f(z)$ 不存在且不为 ∞.

关于解析函数在本性奇点邻域内的特性，魏尔斯特拉斯于 1876 年得到如下重要的结论.

定理 5.1

如果 z_0 是函数 $f(z)$ 的本性奇点，则对于任何复常数 a，不管它是有限数还是无穷大，都有一个收敛于 z_0 的复数列 $\{z_n\}$，使得 $\lim\limits_{n\to\infty}f(z_n)=a$.

如函数 $f(z)=\mathrm{e}^{\frac{1}{z}}$，若取 $a=\mathrm{i}$，并把它写成 $\mathrm{i}=\mathrm{e}^{\left(\frac{\pi}{2}+2n\pi\right)\mathrm{i}}$，则由 $\mathrm{e}^{\frac{1}{z}}=\mathrm{i}$ 可得 $z_n=\dfrac{1}{\left(\dfrac{\pi}{2}+2n\pi\right)\mathrm{i}}$.

显然，当 $n\to\infty$ 时，$z_n\to 0$ 而 $\mathrm{e}^{\frac{1}{z_n}}=\mathrm{i}$，故当 z 沿数列 $\{z_n\}$ 趋于 0 时，$f(z_n)\to\mathrm{i}$. 此处验证了定理 5.1 的正确性.

5.1.3 函数的零点与极点的关系

函数的零点与极点的关系，为判定函数的极点提供了一个较为简便的方法.

定义 5.2 一不恒等于零的解析函数 $f(z)$ 如果能表示成

$$f(z)=(z-z_0)^m\varphi(z), \tag{5.2}$$

其中函数 $\varphi(z)$在点 z_0 处解析,且 $\varphi(z_0)\neq 0$,$m\in\mathbb{N}_+$,则称 z_0 为 $f(z)$的一个 m **级零点**.

例如,$z=0$ 与 $z=1$ 分别是函数 $f(z)=z(z-1)^3$ 的一级零点与三级零点.

定理 5.2

若函数 $f(z)$在点 z_0 处解析,则 z_0 为 $f(z)$的 m 级零点的充要条件是

$$f^{(n)}(z_0)=0(n=0,1,2,\cdots,m-1),f^{(m)}(z_0)\neq 0. \tag{5.3}$$

证 **必要性** 设 z_0 是 $f(z)$的 m 级零点,则 $f(z)$可以表示成式(5.2)的形式.由于 $\varphi(z)$在点 z_0 处解析,所以 $\varphi(z)$在点 z_0 处的泰勒展开式为

$$\varphi(z)=c_0+c_1(z-z_0)+c_2(z-z_0)^2+\cdots,$$

其中 $c_0=\varphi(z_0)\neq 0$,则 $f(z)$在点 z_0 处的泰勒展开式为

$$f(z)=c_0(z-z_0)^m+c_1(z-z_0)^{m+1}+c_2(z-z_0)^{m+2}+\cdots,$$

这就说明,$f(z)$在点 z_0 处的泰勒展开式的前 m 项系数都为零.因此,

$$f^{(n)}(z_0)=0(n=0,1,2,\cdots,m-1),$$
$$f^{(m)}(z_0)=m!c_0\neq 0.$$

充分性留给读者自己证明.

例 5.6 证明 $z=0$ 是函数 $f(z)=z-\sin z$ 的三级零点.

证 显然 $z=0$ 是 $f(z)$的一个零点.由于

$$f'(z)=1-\cos z,f'(0)=1-1=0,$$
$$f''(z)=\sin z,f''(0)=0,$$
$$f'''(z)=\cos z,f'''(0)=\cos 0=1\neq 0,$$

因此,根据定理 5.2 知,$z=0$ 为该函数的三级零点.

解析函数的零点与极点有下面的关系:

定理 5.3

z_0 是解析函数 $f(z)$的 m 级极点的充要条件为 z_0 是函数$\dfrac{1}{f(z)}$的 m 级零点.

证 **必要性** 若 z_0 为 $f(z)$的 m 级极点,则由式(5.1),$f(z)=\dfrac{1}{(z-z_0)^m}g(z)$,其中 $g(z)$在点 z_0 处解析,并且 $g(z_0)\neq 0$.所以当 $z\neq z_0$ 时,有

$$\frac{1}{f(z)}=(z-z_0)^m\frac{1}{g(z)}=(z-z_0)^m h(z), \tag{5.4}$$

其中 $h(z)=\dfrac{1}{g(z)}$也在点 z_0 处解析,并且 $h(z_0)\neq 0$.由于$\lim\limits_{z\to z_0}\dfrac{1}{f(z)}=0$,因此,只要定义$\dfrac{1}{f(z_0)}=0$,由式(5.4)便知 z_0 是$\dfrac{1}{f(z)}$的 m 级零点.

充分性 若 z_0 是$\dfrac{1}{f(z)}$的 m 级零点,则由式(5.2),得

$$\frac{1}{f(z)}=(z-z_0)^m\varphi(z),$$

其中 $\varphi(z)$ 在点 z_0 处解析，并且 $\varphi(z_0)\neq 0$. 所以当 $z\neq z_0$ 时，有

$$f(z)=\frac{1}{(z-z_0)^m}\psi(z),$$

其中 $\psi(z)=\dfrac{1}{\varphi(z)}$ 在点 z_0 处解析，并且 $\psi(z_0)\neq 0$. 因此，z_0 是 $f(z)$ 的 m 级极点.

定理 5.3 为判断函数的极点提供了一个较为简便的方法.

例 5.7 证明：$z=0$ 为函数 $f(z)=\dfrac{1}{z^2(e^z-1)}$ 的三级极点.

证 设 $g(z)=z^2(e^z-1)$. 因为

$$g(0)=0,g'(0)=0,g''(0)=0,g'''(0)=6\neq 0,$$

所以 $z=0$ 是 $g(z)=z^2(e^z-1)$ 的三级零点，也就是 $f(z)=\dfrac{1}{z^2(e^z-1)}$ 的三级极点.

在判别函数的孤立奇点类型时，不能简单地由函数的表面形式就得出结论. 例如，从表面上看，$z=0$ 似乎是 $f(z)=\dfrac{e^z-1}{z^3}$ 的三级极点，其实不然. 因为

$$\frac{e^z-1}{z^3}=\frac{1}{z^3}\left(\sum_{n=0}^{\infty}\frac{z^n}{n!}-1\right)=\frac{1}{z^2}+\frac{1}{2!z}+\frac{1}{3!}+\cdots=\frac{1}{z^2}\varphi(z),$$

$\varphi(z)$ 在 $z=0$ 处解析，且 $\varphi(0)\neq 0$，所以 $z=0$ 是 $f(z)$ 的二级极点.

5.1.4 函数在无穷远点处的性态

前面讨论的函数 $f(z)$ 的孤立奇点，都是有限点的情形，下面讨论无穷远点为孤立奇点的情况.

定义 5.3 若函数 $f(z)$ 在圆环 $R<|z|<+\infty$ 内解析，则称无穷远点 ∞ 为 $f(z)$ 的孤立奇点. 对于 $z=\infty$ 点，作变换 $t=\dfrac{1}{z}$，则

$$f(z)=f\left(\frac{1}{t}\right)=\varphi(t),$$

这样，就可以将在 ∞ 的去心邻域内对函数 $f(z)$ 性态的研究转化为在 $t=0$ 的去心邻域 $\mathring{U}(0)$ 内对函数 $\varphi(t)$ 性态的研究. 前面已经讨论过函数在有限点处的性态，因此，自然可根据 $\varphi(t)$ 在原点 $t=0$ 处的性态来规定 $f(z)$ 在点 $z=\infty$ 处的性态.

显然，$\varphi(t)$ 在 $\mathring{U}(0)$ 内是解析的，所以 $t=0$ 是 $\varphi(t)$ 的孤立奇点.

定义 5.4 若点 $t=0$ 是函数 $\varphi(t)$ 的可去奇点、m 级极点或本性奇点，则称点 $z=\infty$ 是函数 $f(z)$ 的可去奇点、m 级极点或本性奇点.

若函数 $f(z)$ 在无穷远点 ∞ 的去心邻域 $\mathring{U}(\infty)=(0<R<|z|<+\infty)$ 内解析，则它在此圆环内可以展开为洛朗级数：

$$f(z)=\sum_{n=1}^{\infty}c_{-n}z^{-n}+c_0+\sum_{n=1}^{\infty}c_n z^n, \tag{5.5}$$

其中
$$c_n=\frac{1}{2\pi i}\oint_C\frac{f(\zeta)}{\zeta^{n+1}}d\zeta(n=0,\pm 1,\pm 2,\cdots),$$

C 为此圆环内绕原点的任意一正向简单闭曲线.因此,在级数(5.5)中:

(1)不含正幂项$\Leftrightarrow\infty$为可去奇点$\Leftrightarrow\lim\limits_{z\to\infty}f(z)$存在;

(2)含有限多个正幂项,且 z^m 为最高正幂$\Leftrightarrow\infty$为 m 级极点$\Leftrightarrow\lim\limits_{z\to\infty}f(z)=\infty$;

(3)含无穷多个正幂项$\Leftrightarrow\infty$为本性奇点$\Leftrightarrow\lim\limits_{z\to\infty}f(z)$不存在.

例 5.8 求函数
$$f(z)=\frac{(e^z-1)(z-2)^3}{(\sin\pi z)^3}$$
在扩充复平面上的所有孤立奇点,并判别它们的类型.如果是极点,指出它的级数.

解 由于函数 $f(z)$在扩充复平面上除使分母为零的点及无穷远点外处处解析,所以 $z=0,\pm 1,\pm 2,\cdots,\pm n,\cdots$以及 $z=\infty$是它的所有奇点.

①因为$(\sin\pi z)'=\pi\cos\pi z$ 在 $z=0,\pm 1,\pm 2,\cdots,\pm n,\cdots$处均不为零,所以这些点都是 $\sin\pi z$ 的一级零点,从而是$(\sin\pi z)^3$ 的三级零点.

②因为 $z=0$ 为 e^z-1 的一级零点,故 $z=0$ 是 $f(z)$的二级极点.对于 $z=2$,因为

$$\lim_{z\to 2}f(z)=\lim_{z\to 2}\frac{(e^z-1)(z-2)^3}{(\sin\pi z)^3}=(e^2-1)\lim_{z\to 2}\frac{(z-2)^3}{\sin^3[2\pi+\pi(z-2)]}$$
$$=(e^2-1)\lim_{z\to 2}\left[\frac{z-2}{\sin\pi(z-2)}\right]^3=\frac{e^2-1}{\pi^3},$$

所以它是 $f(z)$的可去奇点.因此,除 $z=0$ 与 $z=2$ 外,其余奇点都是 $f(z)$的三级极点.

③由于当 $n\to\infty$时,$z_n=\pm n\to\infty$,故在无穷远点∞的任何去心邻域内都存在 $f(z)$的其他有限奇点 z_n.所以 $z=\infty$不是 $f(z)$的孤立奇点.

§5.2 留数与留数定理

5.2.1 留数的定义

若 z_0 为函数 $f(z)$的一个有限孤立奇点,C 为 z_0 的某去心邻域 $0<|z-z_0|<R$ 内任意一包围 z_0 的正向简单闭曲线,则积分$\oint_C f(z)dz$ 的值一般就不再等于零.将 $f(z)$在此邻域内展开成洛朗级数:

$$f(z)=\cdots+c_{-n}(z-z_0)^{-n}+\cdots+c_{-1}(z-z_0)^{-1}+c_0+c_1(z-z_0)+\cdots+c_n(z-z_0)^n+\cdots,$$

并对此展开式两端沿 C 积分，右端各项积分除留下 $c_{-1}(z-z_0)^{-1}$ 的一项积分等于 $2\pi i c_{-1}$ 外，其余各项的积分都等于零，所以

$$\oint_C f(z)\mathrm{d}z=2\pi i c_{-1}.$$

定义 5.5 设 z_0 为函数 $f(z)$ 的孤立奇点，把 $f(z)$ 在 z_0 的去心邻域内的洛朗展开式的系数 c_{-1} 称为 $f(z)$ 在点 z_0 处的**留数**，记作 $\mathrm{Res}\,[f(z),z_0]$，即

$$\mathrm{Res}\,[f(z),z_0]=\frac{1}{2\pi i}\oint_C f(z)\mathrm{d}z=c_{-1}. \tag{5.6}$$

5.2.2 留数定理

定理 5.4 (留数定理)

设函数 $f(z)$ 在区域 D 内除有限个有限孤立奇点 $z_1,z_2,\cdots,z_n$ 外处处解析，C 是 D 内任意一包围所有孤立奇点的正向简单闭曲线，则

$$\oint_C f(z)\mathrm{d}z=2\pi i\sum_{k=1}^{n}\mathrm{Res}[f(z),z_k], \tag{5.7}$$

证 在 C 内作 n 条互不相交、互不包围的正向简单闭曲线，将这些孤立奇点分别包围起来(见图 5.1)，根据复合闭路定理，有

$$\oint_C f(z)\mathrm{d}z=\oint_{C_1} f(z)\mathrm{d}z+\oint_{C_2} f(z)\mathrm{d}z+\cdots+\oint_{C_n} f(z)\mathrm{d}z,$$

用 $2\pi i$ 除等式两边，立即可得

$$\frac{1}{2\pi i}\oint_C f(z)\mathrm{d}z=\mathrm{Res}\,[f(z),z_1]+\mathrm{Res}\,[f(z),z_2]+\cdots+\mathrm{Res}\,[f(z),z_n],$$

即

$$\oint_C f(z)\mathrm{d}z=2\pi i\sum_{k=1}^{n}\mathrm{Res}[f(z),z_k].$$

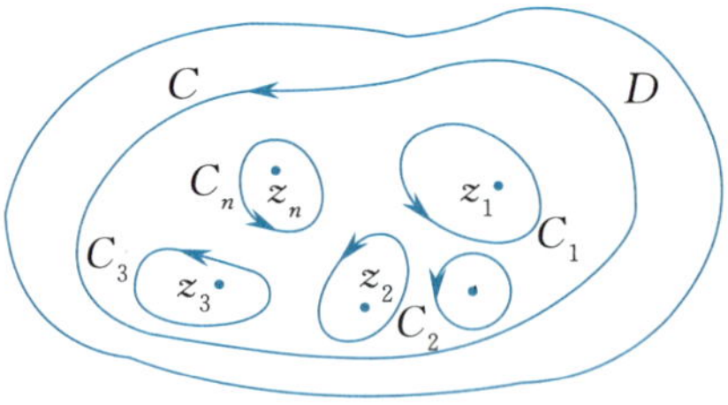

图 5.1

5.2.3 留数的计算方法

一般来说，计算函数在孤立奇点处的留数，只需求出它在以 z_0 为圆心的圆环内的洛朗级数中 $c_{-1}(z-z_0)^{-1}$ 的系数 c_{-1} 就可以了. 如果能事先知道孤立奇点的类型，对求留数更为有利，故先判定孤立奇点的类型，再计算点 z_0 处的留数. 如果 z_0 是函数 $f(z)$ 的可去奇点，则 $\mathrm{Res}\,[f(z),z_0]=0$；如果 z_0 是 $f(z)$ 的本性奇点，则只能采用将 $f(z)$ 在点 z_0 处展开为洛朗级数的方法来求 c_{-1}；对于 z_0 是极点的情形，给出下面的计算留数的规则.

规则Ⅰ 设 z_0 为函数 $f(z)$ 的 m 级极点，则

$$\operatorname{Res}\left[f(z),z_0\right]=\frac{1}{(m-1)!}\lim_{z\to z_0}\frac{\mathrm{d}^{m-1}}{\mathrm{d}z^{m-1}}\left[(z-z_0)^m f(z)\right]. \tag{5.8}$$

特别地，当 $m=1$ 时，

$$\operatorname{Res}\left[f(z),z_0\right]=\lim_{z\to z_0}(z-z_0)f(z). \tag{5.9}$$

证 由于

$$f(z)=c_{-m}(z-z_0)^{-m}+\cdots+c_{-1}(z-z_0)^{-1}+c_0+c_1(z-z_0)+\cdots+c_n(z-z_0)^n+\cdots,$$

用 $(z-z_0)^m$ 乘上式的两端，得

$$(z-z_0)^m f(z)=c_{-m}+c_{-m+1}(z-z_0)+\cdots+c_{-1}(z-z_0)^{m-1}+c_0(z-z_0)^m+\cdots,$$

对上式两端求 z 的 $m-1$ 阶导数，得

$$\frac{\mathrm{d}^{m-1}}{\mathrm{d}z^{m-1}}\left[(z-z_0)^m f(z)\right]=(m-1)!\ c_{-1}+m!c_0(z-z_0)+\cdots,$$

令 $z\to z_0$，对上式两端求极限，右端的极限是 $(m-1)!\ c_{-1}$，根据式(5.6)，将其除以 $(m-1)!$ 就是 $\operatorname{Res}\left[f(z),z_0\right]$，因此得式(5.8)，当 $m=1$ 时就得式(5.9).

例 5.9 求函数 $f(z)=\dfrac{3z-4}{(z-1)(z-2)^2}$ 分别在点 $z=1$ 和 $z=2$ 处的留数.

解 容易看到点 $z=1$ 是 $f(z)$ 的一级极点，所以由式(5.9)得

$$\operatorname{Res}\left[f(z),1\right]=\lim_{z\to 1}\left[(z-1)f(z)\right]=\lim_{z\to 1}\frac{3z-4}{(z-2)^2}=-1.$$

而点 $z=2$ 是 $f(z)$ 的二级极点，所以由式(5.8)得

$$\operatorname{Res}\left[f(z),2\right]=\lim_{z\to 2}\frac{\mathrm{d}}{\mathrm{d}z}\left[(z-2)^2 f(z)\right]=\lim_{z\to 2}\frac{1}{(z-1)^2}=1.$$

规则Ⅱ 设函数 $f(z)=\dfrac{P(z)}{Q(z)}$，$P(z)$ 与 $Q(z)$ 均在点 z_0 处解析，$P(z_0)\neq 0$，$Q(z_0)=0$ 且 $Q'(z_0)\neq 0$，则 z_0 为 $f(z)$ 的一级极点，且

$$\operatorname{Res}\left[f(z),z_0\right]=\frac{P(z_0)}{Q'(z_0)}. \tag{5.10}$$

证 事实上，由于 $Q(z_0)=0$，$Q'(z_0)\neq 0$，所以 z_0 为 $Q(z)$ 的一级零点，故 z_0 为 $\dfrac{1}{Q(z)}$ 的一级极点，故 $\dfrac{1}{Q(z)}=\dfrac{1}{z-z_0}g(z)$，其中 $g(z)$ 在点 z_0 处解析，且 $g(z_0)\neq 0$. 由此得

$$f(z)=\frac{1}{z-z_0}P(z)g(z),$$

其中 $P(z)g(z)$ 在点 z_0 处解析且 $P(z_0)g(z_0)\neq 0$，故 z_0 为 $f(z)$ 的一级极点.

根据式(5.9)，有

$$\operatorname{Res}\left[f(z),z_0\right]=\lim_{z\to z_0}(z-z_0)f(z)=\lim_{z\to z_0}\frac{P(z)}{\dfrac{Q(z)-Q(z_0)}{z-z_0}}=\frac{P(z_0)}{Q'(z_0)}.$$

例 5.10 计算函数 $f(z)=\dfrac{e^z}{\sin z}$ 在 $z=0$ 处的留数.

解 令 $P(z)=e^z$，$Q(z)=\sin z$，于是 $P(0)=1$，$Q(0)=0$，$Q'(0)=1$，由式(5.10)得

$$\text{Res}\,[f(z),0]=\frac{P(0)}{Q'(0)}=1.$$

例 5.11 计算积分 $\oint_C \dfrac{z}{(z-1)(z+1)^2}dz$，其中 C 为正向圆周 $|z|=2$.

解 由于函数 $f(z)=\dfrac{z}{(z-1)(z+1)^2}$ 有两个极点，其中 $z=1$ 为一级极点，$z=-1$ 为二级极点，而且它们都在圆周 $|z|=2$ 内，所以，根据留数定理，有

$$\oint_C \frac{z}{(z-1)(z+1)^2}dz=2\pi i\left\{\text{Res}\,[f(z),1]+\text{Res}\,[f(z),-1]\right\}.$$

由规则Ⅰ得

$$\text{Res}\,[f(z),1]=\lim_{z\to1}(z-1)\frac{z}{(z-1)(z+1)^2}=\frac{z}{(z+1)^2}\bigg|_{z=1}=\frac{1}{4},$$

$$\text{Res}\,[f(z),-1]=\lim_{z\to-1}\frac{d}{dz}[(z+1)^2f(z)]=\lim_{z\to-1}\frac{d}{dz}\left(\frac{z}{z-1}\right)=-\frac{1}{4}.$$

因此

$$\oint_C \frac{z}{(z-1)(z+1)^2}dz=2\pi i\left(\frac{1}{4}-\frac{1}{4}\right)=0.$$

例 5.12 计算函数 $f(z)=\dfrac{1-\cos z}{z^5}$ 在点 $z=0$ 处的留数.

解 此题用规则Ⅰ计算非常复杂，若将 $f(z)$ 展开为洛朗级数则求 c_{-1} 就比较方便. 因为

$$\frac{1-\cos z}{z^5}=\frac{1-\left(1-\dfrac{1}{2!}z^2+\dfrac{1}{4!}z^4-\cdots\right)}{z^5}=\frac{1}{2!}\frac{1}{z^3}-\frac{1}{4!}\frac{1}{z}+\cdots,$$

所以

$$\text{Res}\left[\frac{1-\cos z}{z^5},0\right]=c_{-1}=-\frac{1}{4!}.$$

5.2.4 无穷远点处的留数

留数概念和留数定理都可以推广到无穷远点∞的情形.

定义 5.6 设函数 $f(z)$ 在 $R<|z|<+\infty$ 内解析，C 为该圆环内绕原点的任意一正向简单闭曲线，则积分 $\dfrac{1}{2\pi i}\oint_{C^-} f(z)dz$ 的值与 C 无关，称其为 $f(z)$ 在点∞处的留数，记作

$$\text{Res}[f(z),\infty]=\frac{1}{2\pi i}\oint_{C^-} f(z)dz. \tag{5.11}$$

由式(5.6)易见

$$\mathrm{Res}\,[f(z),\infty]=-c_{-1},$$

$f(z)$在点∞处的留数等于它在∞的去心邻域$R<|z|<+\infty$内的洛朗展开式中z^{-1}系数的相反数.

定理 5.5

设函数$f(z)$在扩充复平面上只有包括无穷远点在内的有限个孤立奇点,则$f(z)$在所有奇点(包括无穷远点)处的留数的总和为零.

证 除点∞外,设函数$f(z)$的有限个奇点为$z_1,z_2,\cdots,z_n$. 任意作一条绕原点的正向简单闭曲线C,使$z_k(k=1,2,\cdots,n)$包含在C的内部,那么,由定义5.6与留数定理,就有

$$\mathrm{Res}\,[f(z),\infty]+\sum_{k=1}^{n}\mathrm{Res}\,[f(z),z_k]=\frac{1}{2\pi\mathrm{i}}\oint_{C^-}f(z)\mathrm{d}z+\frac{1}{2\pi\mathrm{i}}\oint_{C}f(z)\mathrm{d}z=0.$$

使用以下规则计算无穷远点处的留数.

规则Ⅲ $\mathrm{Res}\,[f(z),\infty]=-\mathrm{Res}\left[f\left(\dfrac{1}{z}\right)\dfrac{1}{z^2},0\right].$

事实上,由定义5.6,取正向简单闭曲线为半径足够大的正向圆周$|z|=\rho$,令$z=\dfrac{1}{\zeta}$,并设$z=\rho\mathrm{e}^{\mathrm{i}\theta}$,$\zeta=r\mathrm{e}^{\mathrm{i}\varphi}$,那么$\rho=\dfrac{1}{r}$,$\theta=-\varphi$,因此有

$$\begin{aligned}\mathrm{Res}\,[f(z),\infty]&=\frac{1}{2\pi\mathrm{i}}\oint_{C^-}f(z)\mathrm{d}z\\&=\frac{1}{2\pi\mathrm{i}}\int_0^{-2\pi}f(\rho\mathrm{e}^{\mathrm{i}\theta})\rho\mathrm{i}\mathrm{e}^{\mathrm{i}\theta}\mathrm{d}\theta\\&=-\frac{1}{2\pi\mathrm{i}}\int_0^{2\pi}f\left(\frac{1}{r\mathrm{e}^{\mathrm{i}\varphi}}\right)\frac{\mathrm{i}}{r\mathrm{e}^{\mathrm{i}\varphi}}\mathrm{d}\varphi\\&=-\frac{1}{2\pi\mathrm{i}}\int_0^{2\pi}f\left(\frac{1}{r\mathrm{e}^{\mathrm{i}\varphi}}\right)\frac{\mathrm{i}}{r\mathrm{e}^{\mathrm{i}\varphi}}\frac{1}{\mathrm{i}r\mathrm{e}^{\mathrm{i}\varphi}}\mathrm{d}(r\mathrm{e}^{\mathrm{i}\varphi})\\&=-\frac{1}{2\pi\mathrm{i}}\int_0^{2\pi}f\left(\frac{1}{r\mathrm{e}^{\mathrm{i}\varphi}}\right)\frac{1}{(r\mathrm{e}^{\mathrm{i}\varphi})^2}\mathrm{d}(r\mathrm{e}^{\mathrm{i}\varphi})\\&=-\frac{1}{2\pi\mathrm{i}}\oint_{|\zeta|=\frac{1}{\rho}}f\left(\frac{1}{\zeta}\right)\frac{1}{\zeta^2}\mathrm{d}\zeta\ \left(|\zeta|=\frac{1}{\rho}\text{ 为正向}\right).\end{aligned}$$

因为$f(z)$在$\rho<|z|<+\infty$内解析,所以$f\left(\dfrac{1}{\zeta}\right)$在$0<|\zeta|<\dfrac{1}{\rho}$内解析,从而$f\left(\dfrac{1}{\zeta}\right)\dfrac{1}{\zeta^2}$在$|\zeta|<\dfrac{1}{\rho}$内仅有$\zeta=0$一个奇点. 由留数定理得

$$\frac{1}{2\pi\mathrm{i}}\oint_{|\zeta|=\frac{1}{\rho}}f\left(\frac{1}{\zeta}\right)\frac{1}{\zeta^2}\mathrm{d}\zeta=\mathrm{Res}\left[f\left(\frac{1}{\zeta}\right)\frac{1}{\zeta^2},0\right].$$

例 5.13 计算积分 $\oint_C \frac{1}{z^3-1}\mathrm{d}z$，$C$ 为正向圆周 $|z|=2$.

解 函数 $\frac{1}{z^3-1}$ 在 $|z|=2$ 的外部，除点 ∞ 外没有其他奇点. 因此，根据定理 5.5 与规则Ⅲ，有

$$\begin{aligned}\oint_C \frac{1}{z^3-1}\mathrm{d}z &= -2\pi\mathrm{i}\operatorname{Res}\left[f(z),\infty\right] \\ &= 2\pi\mathrm{i}\operatorname{Res}\left[f\left(\frac{1}{z}\right)\frac{1}{z^2},0\right] \\ &= 2\pi\mathrm{i}\operatorname{Res}\left[\frac{z}{1-z^3},0\right] \\ &= 0.\end{aligned}$$

§5.3 留数在积分计算上的应用

高等数学中很多函数的原函数不能用初等函数来表达，因此，用求原函数的方法求定积分或反常积分就受到限制. 利用留数定理可以求一些复杂的实变函数的积分，下面分几种类型介绍怎样利用留数求实积分.

5.3.1 类型 1：形如 $\int_0^{2\pi} R(\cos\theta,\sin\theta)\mathrm{d}\theta$ 的积分

这里 $R(\cos\theta,\sin\theta)$ 是关于 $\cos\theta,\sin\theta$ 的有理函数，且在 $[0,2\pi]$ 上连续. 令 $z=\mathrm{e}^{\mathrm{i}\theta}$，则 $\mathrm{d}z=\mathrm{i}\mathrm{e}^{\mathrm{i}\theta}\mathrm{d}\theta=\mathrm{i}z\,\mathrm{d}\theta$，

$$\sin\theta=\frac{1}{2\mathrm{i}}(\mathrm{e}^{\mathrm{i}\theta}-\mathrm{e}^{-\mathrm{i}\theta})=\frac{z^2-1}{2\mathrm{i}z},$$

$$\cos\theta=\frac{1}{2}(\mathrm{e}^{\mathrm{i}\theta}+\mathrm{e}^{-\mathrm{i}\theta})=\frac{z^2+1}{2z}.$$

当 θ 从 0 变到 2π 时，z 沿单位圆周 $|z|=1$ 正向绕行一周. 从而

$$\int_0^{2\pi} R(\cos\theta,\sin\theta)\mathrm{d}\theta=\oint_{|z|=1} R\left(\frac{z^2+1}{2z},\frac{z^2-1}{2\mathrm{i}z}\right)\frac{\mathrm{d}z}{\mathrm{i}z}=\oint_{|z|=1} f(z)\mathrm{d}z,$$

其中 $f(z)$ 为 z 的有理函数，且 $f(z)$ 在 $|z|=1$ 上无奇点. 因此，根据留数定理，有

$$\int_0^{2\pi} R(\cos\theta,\sin\theta)\mathrm{d}\theta=2\pi\mathrm{i}\sum_{k=1}^{n}\operatorname{Res}\left[f(z),z_k\right],$$

其中 $z_k(k=1,2,\cdots,n)$ 为单位圆周 $|z|=1$ 内 $f(z)$ 的所有孤立奇点.

例 5.14 计算积分 $I=\int_0^{2\pi}\frac{\cos 2\theta}{1-2a\cos\theta+a^2}d\theta(0<a<1)$.

解 先将 I 转化为复积分. 由于 $0<a<1$,被积函数的分母

$$1-2a\cos\theta+a^2=(1-a)^2+2a(1-\cos\theta)$$

在 $0\leqslant\theta<2\pi$ 内不会为零,因此积分是有意义的.

又

$$\cos 2\theta=\frac{1}{2}(e^{i2\theta}+e^{-i2\theta})=\frac{z^2+z^{-2}}{2},$$

故

$$\begin{aligned}I&=\oint_{|z|=1}\frac{z^2+z^{-2}}{2}\cdot\frac{1}{1-2a\cdot\frac{z+z^{-1}}{2}+a^2}\cdot\frac{1}{iz}dz\\&=\oint_{|z|=1}\frac{1+z^4}{2iz^2(1-az)(z-a)}dz\\&=\oint_{|z|=1}f(z)dz.\end{aligned}$$

$f(z)=\frac{1+z^4}{2iz^2(1-az)(z-a)}$有三个极点:$z=0,z=a,z=\frac{1}{a}$. 在 $|z|=1$ 内有 $z=0$(二级极点)和 $z=a$(一级极点).

再求 $f(z)$的留数:

$$\text{Res}[f(z),a]=\lim_{z\to a}(z-a)f(z)=\frac{1+a^4}{2ia^2(1-a^2)},$$

$$\begin{aligned}\text{Res}[f(z),0]&=\lim_{z\to 0}\frac{d}{dz}[z^2f(z)]\\&=\lim_{z\to 0}\frac{(z-az^2-a+a^2z)4z^3-(1+z^4)(1-2az+a^2)}{2i(z-az^2-a+a^2z)^2}\\&=-\frac{1+a^2}{2ia^2}.\end{aligned}$$

最后由留数定理有 $I=2\pi i\left[\frac{1+a^4}{2ia^2(1-a^2)}-\frac{1+a^2}{2ia^2}\right]=\frac{2\pi a^2}{1-a^2}$.

5.3.2 类型 2:形如 $\int_{-\infty}^{+\infty}R(x)dx$ 的积分

这里 $R(x)=\frac{P(x)}{Q(x)}$为有理函数,其中 $P(x)$与 $Q(x)$为互质多项式,并且 $Q(x)$至少比 $P(x)$高两次,在实轴上 $Q(x)$没有零点,因此所求无穷积分收敛.

取复函数

$$R(z)=\frac{z^n+a_1z^{n-1}+\cdots+a_n}{z^m+b_1z^{m-1}+\cdots+b_m},m-n\geqslant 2$$

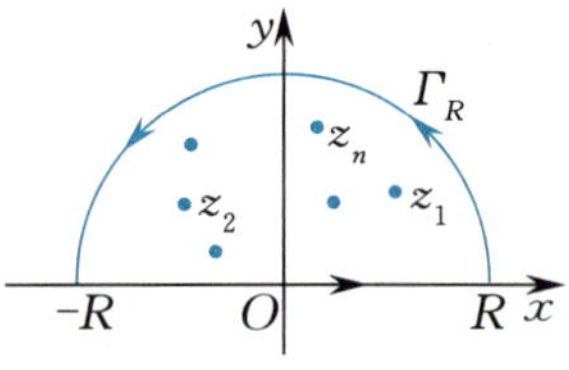

图 5.2

为辅助函数,上半圆周 Γ_R 为辅助曲线(见图 5.2),让 R 充分大,使 Γ_R 与 x 轴围成的区域包含 $R(z)$ 在上半平面的所有极点 $z_k(k=1,2,\cdots,n)$. 由留数定理得

$$\int_{-R}^{R}R(x)\mathrm{d}x+\int_{\Gamma_R}R(z)\mathrm{d}z=2\pi\mathrm{i}\sum_{k=1}^{n}\mathrm{Res}\,[R(z),z_k].$$

由于

$$|R(z)|=\frac{1}{|z|^{m-n}}\frac{|1+a_1z^{-1}+\cdots+a_nz^{-n}|}{|1+b_1z^{-1}+\cdots+b_mz^{-m}|}\leqslant\frac{1}{|z|^{m-n}}\frac{1+|a_1z^{-1}+\cdots+a_nz^{-n}|}{1-|b_1z^{-1}+\cdots+b_mz^{-m}|},$$

故存在常数 M,当 $|z|$ 充分大时,有

$$|R(z)|<\frac{M}{|z|^{m-n}}<\frac{M}{|z|^2}.$$

因此,当 R 充分大时,

$$\left|\int_{\Gamma_R}R(z)\mathrm{d}z\right|\leqslant\int_{\Gamma_R}|R(z)||\mathrm{d}z|\leqslant\frac{2}{R^2}\cdot\pi R=\frac{2\pi}{R},$$

从而 $\lim\limits_{R\to\infty}\int_{\Gamma_R}R(z)\mathrm{d}z=0$. 故

$$\int_{-\infty}^{+\infty}R(x)\mathrm{d}x=2\pi\mathrm{i}\sum_{k=1}^{n}\mathrm{Res}\,[R(z),z_k]. \tag{5.12}$$

若 $R(x)$ 为偶函数,则

$$\int_{0}^{+\infty}R(x)\mathrm{d}x=\pi\mathrm{i}\sum_{k=1}^{n}\mathrm{Res}\,[R(z),z_k].$$

例 5.15 计算积分 $\int_{-\infty}^{+\infty}\frac{\mathrm{d}x}{(x^2+1)(x^2+4)}$ 的值.

解 由于被积函数中 $m-n=4$,并且在实轴上分母无零点,故该积分收敛. 又函数 $R(z)=\frac{1}{(z^2+1)(z^2+4)}$ 在上半平面仅有两个一级极点 i 与 2i,且

$$\lim_{z\to\mathrm{i}}(z-\mathrm{i})R(z)=\frac{1}{2\mathrm{i}(4-1)}=\frac{1}{6\mathrm{i}},$$

$$\lim_{z\to2\mathrm{i}}(z-2\mathrm{i})R(z)=-\frac{1}{4\mathrm{i}(4-1)}=-\frac{1}{12\mathrm{i}},$$

所以由式(5.7)得

$$原式=2\pi\mathrm{i}\left(\frac{1}{6\mathrm{i}}-\frac{1}{12\mathrm{i}}\right)=\frac{\pi}{6}.$$

5.3.3 类型 3:形如 $\int_{-\infty}^{+\infty} R(x)e^{aix}dx\ (a>0)$ 的积分

设 $R(x)=\dfrac{P(x)}{Q(x)}$ 是 x 的有理函数,$Q(x)$ 的次数至少比 $P(x)$ 的次数多一,并且在实轴上 $Q(x)\neq 0$.

与类型 2 中的方法类似,取

$$R(z)=\frac{z^n+a_1z^{n-1}+\cdots+a_n}{z^m+b_1z^{m-1}+\cdots+b_m},m-n\geqslant 1$$

为辅助函数,上半圆周 Γ_R 为辅助曲线,让 R 充分大,使 Γ_R 与 x 轴围成的区域包含了 $R(z)$ 在上半平面的所有极点 $z_k(k=1,2,\cdots,n)$. 由留数定理得

$$\int_{-R}^{R}R(x)e^{aix}dx+\int_{\Gamma_R}R(z)e^{aiz}dz=2\pi i\sum_{k=1}^{n}\text{Res}\,[R(z)e^{aiz},z_k].$$

由于 $m-n\geqslant 1$,故当 $|z|$ 充分大时,有 $|R(z)|<\dfrac{2}{|z|}$. 因此,在半径 R 充分大的 Γ_R 上,有

$$\left|\int_{\Gamma_R}R(z)e^{aiz}dz\right|\leqslant\int_{\Gamma_R}|R(z)||e^{aiz}|ds<\frac{2}{R}\int_{\Gamma_R}e^{-ay}ds$$

$$=2\int_0^{\pi}e^{-aR\sin\theta}d\theta=4\int_0^{\frac{\pi}{2}}e^{-aR\sin\theta}d\theta.$$

由图 5.3 易见,当 $0\leqslant\theta\leqslant\dfrac{\pi}{2}$ 时,$\sin\theta\geqslant\dfrac{2\theta}{\pi}$,

$$\left|\int_{\Gamma_R}R(z)e^{aiz}dz\right|\leqslant 4\int_0^{\frac{\pi}{2}}e^{-aR\frac{2\theta}{\pi}}d\theta=\frac{2\pi}{aR}(1-e^{-aR}),$$

从而 $\lim\limits_{R\to\infty}\int_{\Gamma_R}R(z)e^{aiz}dz=0$. 所以

$$\int_{-\infty}^{+\infty}R(x)e^{aix}dx=2\pi i\sum_{k=1}^{n}\text{Res}\,[R(z)e^{aiz},z_k],\qquad(5.13)$$

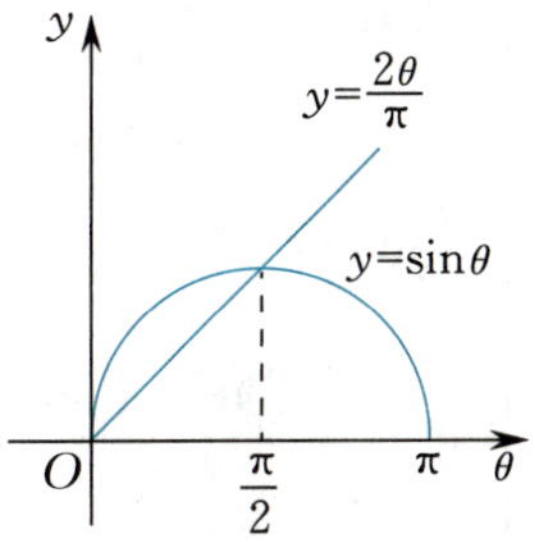

图 5.3

或

$$\int_{-\infty}^{+\infty}R(x)\cos ax\,dx+i\int_{-\infty}^{+\infty}R(x)\sin ax\,dx=2\pi i\sum_{k=1}^{n}\text{Res}\,[R(z)e^{aiz},z_k].$$

例 5.16 计算积分 $I=\int_{-\infty}^{+\infty}\dfrac{\cos 2x}{x^2+4x+5}dx$.

解 设 $R(z)=\dfrac{1}{z^2+4z+5}$,则 $R(z)$ 的分母高于分子两次,在实轴上无奇点,上半平面只有一个一级极点 $z=-2+i$,故

$$\int_{-\infty}^{+\infty}\frac{\cos 2x}{x^2+4x+5}\mathrm{d}x=2\pi\mathrm{i}\mathrm{Res}\left[R(z)\mathrm{e}^{2\mathrm{i}z},-2+\mathrm{i}\right],$$
$$=2\pi\mathrm{i}\lim_{z\to -2+\mathrm{i}}\left[z-(-2+\mathrm{i})\right]R(z)\mathrm{e}^{2\mathrm{i}z}$$
$$=2\pi\mathrm{i}\lim_{z\to -2+\mathrm{i}}\frac{\mathrm{e}^{2\mathrm{i}z}}{z+2+\mathrm{i}}$$
$$=2\pi\mathrm{i}\frac{\mathrm{e}^{-2-4\mathrm{i}}}{2\mathrm{i}}=\pi\mathrm{e}^{-2-4\mathrm{i}}.$$

本章小结

1. 孤立奇点

应用解析函数的洛朗展开式 $f(z)=\sum_{n=1}^{\infty}c_{-n}(z-z_0)^{-n}+\sum_{n=0}^{\infty}c_n(z-z_0)^n$，可以把孤立奇点分成以下 3 类.

(1)可去奇点⇔在 z_0 的去心邻域内 $f(z)$ 的洛朗展开式没有 $z-z_0$ 的负幂项⇔$\lim_{z\to z_0}f(z)$存在且为有限值；

(2)m 级极点⇔在 z_0 的去心邻域内 $f(z)$的洛朗展开式关于 $z-z_0$ 的负幂项的最高次数是 m⇔$\lim_{z\to z_0}f(z)=\infty$；

(3)本性奇点⇔在 z_0 的去心邻域内 $f(z)$的洛朗展开式含无穷多个 $z-z_0$ 的负幂项⇔$\lim_{z\to z_0}f(z)$不存在.

2. 留数定义

$$\mathrm{Res}\left[f(z),z_0\right]=c_{-1}=\frac{1}{2\pi\mathrm{i}}\oint_C f(z)\mathrm{d}z,$$

其中 c_{-1} 是函数 $f(z)$在点 z_0 处的洛朗展开式中的$(z-z_0)^{-1}$ 的系数，C 是 z_0 的去心邻域 $0<|z-z_0|<R$ 内的包含 z_0 的任意一条正向简单闭曲线.

3. 留数定理

若函数 $f(z)$在区域 D 内除有限个孤立奇点 $z_1,z_2,\cdots,z_n$ 外处处解析，C 是 D 内包含这些奇点的一条正向简单闭曲线，则有

$$\oint_C f(z)\mathrm{d}z=2\pi\mathrm{i}\sum_{k=1}^{n}\mathrm{Res}\left[f(z),z_k\right].$$

留数定理将积分路径内包含有限个孤立奇点的复积分的计算转化为对这些奇点的留数的计算. 计算留数的方法有以下 5 种.

(1)一般方法：设 z_0 为函数 $f(z)$ 的孤立奇点，将 $f(z)$ 在点 z_0 处展开为洛朗级数，并求出系数 c_{-1}，则有 $\mathrm{Res}\,[f(z),z_0]=c_{-1}$. 当 z_0 为本性奇点时，这个方法是比较常用的方法.

(2)一级极点情形：若 z_0 为函数 $f(z)$ 的一级极点，则有

$$\mathrm{Res}\,[f(z),z_0]=\lim_{z\to z_0}(z-z_0)f(z).$$

(3)m 级极点情形：若 z_0 为函数 $f(z)$ 的 m 级极点，则有

$$\mathrm{Res}\,[f(z),z_0]=\frac{1}{m!}\lim_{z\to z_0}\frac{\mathrm{d}^{m-1}}{\mathrm{d}z^{m-1}}[(z-z_0)^m f(z)].$$

(4)零点情形：若函数 $f(z)=\dfrac{P(z)}{Q(z)}$，$P(z)$ 和 $Q(z)$ 在点 z_0 处解析，且 $P(z_0)\neq 0$，$Q(z_0)=0$，$Q'(z_0)\neq 0$，则 z_0 为 $f(z)$ 的一级极点，且有

$$\mathrm{Res}\,[f(z),z_0]=\frac{P(z_0)}{Q'(z_0)}.$$

当 $f(z)$ 不为有理函数时，这个方法是常用的方法.

(5)可去奇点情形：若 z_0 是函数 $f(z)$ 的可去奇点，则有

$$\mathrm{Res}\,[f(z),z_0]=0.$$

无穷远点∞处的留数定义为：设函数 $f(z)$ 在 $R<|z|<+\infty$ 内解析，C 为该区域内绕原点的任意一条正向简单闭曲线，则 $f(z)$ 在孤立奇点∞处的留数为

$$\mathrm{Res}[f(z),\infty]=-c_{-1}=\frac{1}{2\pi \mathrm{i}}\oint_{C^-} f(z)\mathrm{d}z.$$

若函数 $f(z)$ 在扩充复平面上只有有限个孤立奇点，则 $f(z)$ 在所有奇点(包括无穷远点∞)处的留数的总和等于零.

应用留数定理，可以计算一些实积分，这称为围道积分方法. 在利用这种方法时，主要做两方面的工作：一是找一个与所求积分的被积函数密切相关的复变函数 $F(z)$；二是找一条合适的闭曲线 C，使得在这条闭曲线所围成的区域 D 内 $F(z)$ 只有有限个孤立奇点. $F(z)$ 沿 C 的积分与实积分紧密相关，这样就可以应用留数定理计算实积分.

中国复分析专家

陆启铿(1927 年 5 月 17 日—2015 年 8 月 31 日)，男，中国科学院数学与系统科学研究院研究员，华罗庚先生归国后的第一批亲传弟子，是我国培养的国际一流数学家，在多复变和数学物理领域做出了大量奠基性和开创性的工作，取得了国际瞩目的成就. 1980 年当选为中国科学院学部委员(院士).

陆启铿主要从事多复变函数论、数学物理学等方面的研究并取得了多项重要成果，他在20世纪50年代发表了《施瓦茨引理及解析不变量》论文，是国际上较早讨论多复变函数施瓦茨引理的数学家之一，他引入了施瓦茨解析不变量的概念，与华罗庚合作发表了《典型域上的调和函数论》论文，建立了典型域上调和函数的系统理论. 1966年提出了常曲率的有界域解析等价于单位超球的论述，并提出了“陆启铿猜想”. “陆启铿猜想”是中华人民共和国成立后国际数学界首次以中国数学家命名的猜想，至今仍为多复变的研究热点.

习题5

1. $z=0$是函数$f(z)=\dfrac{1}{\cos\dfrac{1}{z}}$的孤立奇点吗？为什么？

2. 判断$z=0$是不是下列函数的孤立奇点，并确定奇点的类型：

(1) $e^{\frac{1}{z}}$；　　(2) $\dfrac{1-\cos z}{z^2}$.

3. 指出下列函数有怎样的孤立奇点. 如果是极点，指出它的级数.

(1) $\dfrac{z^2-1}{z^2}$；　　(2) $\dfrac{\sin z}{z^3}$；

(3) $\dfrac{1}{z(z^2+1)^2}$；　　(4) $\dfrac{\ln(z+1)}{z}$；

(5) $\dfrac{1}{z^3-z^2-z+1}$；　　(6) $\dfrac{1}{z^2(e^z-1)}$；

(7) $e^{\frac{1}{z-1}}$.

4. 证明：若z_0是函数$f(z)$的m级极点，则z_0是$f'(z)$的$m-1$级极点.

5. 证明：如果函数$f(z)$和$g(z)$是以z_0为零点的两个不恒等于零的解析函数，那么

$$\lim_{z\to z_0}\frac{f(z)}{g(z)}=\lim_{z\to z_0}\frac{f'(z)}{g'(z)}\text{（或两端均为}\infty\text{）}.$$

6. 在$z=1$处，函数$f(z)=\dfrac{1}{z(z-1)^2}$有二级极点；这个函数又有如下洛朗展开式：

$$\frac{1}{z(z-1)^2}=\cdots+\frac{1}{(z-1)^5}-\frac{1}{(z-1)^4}+\frac{1}{(z-1)^3}\quad(|z-1|>1),$$

所以“$z=1$又是函数$f(z)$的本性奇点；又因洛朗展开式中不含$(z-z_0)^{-1}$项，故$\text{Res}[f(z),1]=0$”，这些说法对吗？

7. 判定$z=\infty$是下列各函数的什么奇点：

(1) e^{1/z^2}；　　(2) $\cos z-\sin z$；　　(3) $\dfrac{2z}{3+z^2}$.

8. 求下列函数在指定点处的留数：

(1) $f(z)=\dfrac{e^z-1}{z^5}$，在 $z=0$ 处；　(2) $f(z)=e^{\frac{1}{z-1}}$，在 $z=1$ 处.

9. 求下列函数在有限孤立奇点处的留数：

(1) $f(z)=\dfrac{z+1}{z^2+2z}$；　(2) $f(z)=\dfrac{1-e^z}{z^4}$；

(3) $f(z)=\dfrac{3z+2}{z^2(z+2)}$；　(4) $f(z)=\sin\dfrac{1}{1-z}$；

(5) $f(z)=z^4\sin\dfrac{1}{z}$；　(6) $f(z)=\dfrac{z}{\cos z}$.

10. 利用洛朗展开式求函数 $(z+1)^2\sin\dfrac{1}{z}$ 在点 ∞ 处的留数.

11. 求函数 $\dfrac{1}{(z-a)^m(z-b)^m}$ $(a\neq b, m$ 为整数)在所有孤立奇点(包括点 ∞)处的留数.

12. 利用留数计算下列积分，其中各圆周均取正向：

(1) $\displaystyle\oint_{|z|=\frac{1}{2}}\frac{\sin z}{z}dz$；

(2) $\displaystyle\oint_{|z|=3}\frac{1}{z(z-2)}dz$；

(3) $\displaystyle\oint_{|z|=2}\frac{e^{2z}}{(z-1)^2}dz$；

(4) $\displaystyle\oint_{|z|=1}\frac{1-\cos z}{z^3}dz$；

(5) $\displaystyle\oint_{|z|=2}\frac{ze^z}{z^2-1}dz$；

(6) $\displaystyle\oint_{|z|=2}\frac{e^z}{z(z-1)^2}dz$；

(7) $\displaystyle\oint_{|z-2i|=1}\tan z\,dz$；

(8) $\displaystyle\oint_{|z|=3}\tan \pi z\,dz$.

13. 计算下列积分：

(1) $\displaystyle\oint_C\frac{dz}{(z+i)^{10}(z-1)(z-3)}$，$C$ 为圆周 $|z|=2$，取正向.

(2) $\displaystyle\oint_C\frac{z^3}{1+z}e^{\frac{1}{z}}dz$，$C$ 为圆周 $|z|=2$，取正向.

14. 计算下列积分：

(1) $\int_{0}^{2\pi} \frac{1}{5+3\cos\theta}\mathrm{d}\theta$；　　(2) $\int_{0}^{2\pi} \frac{\sin^2\theta}{5+3\cos\theta}\mathrm{d}\theta$；

(3) $\int_{-\infty}^{+\infty} \frac{x^2-x+2}{x^4+10x^2+9}\mathrm{d}x$；　　(4) $\int_{0}^{+\infty} \frac{x^2}{(x^2+a^2)^2}\mathrm{d}x, a>0$；

(5) $\int_{0}^{+\infty} \frac{\cos 2x}{1+x^2}\mathrm{d}x$.

第6章 共形映射

解析函数的有关性质是复变函数讨论的对象.本章将从几何的角度研究解析函数的映射的性质.在几何意义上,$w=f(z)$可以看作把 z 平面上的点集G 变到 w 平面上的点集G^* 的映射.对解析函数来说,还必须对它所构成的映射进行一些具体的研究,因为这种映射在实际问题如流体力学、电学问题中都有重要的应用.

本章先介绍解析函数的映射的共形性这一重要概念,它能把较复杂区域上所讨论的问题转化到较简单区域上去讨论;然后进一步研究分式线性函数和几个初等函数所构成的共形映射的性质.

§6.1 共形映射

6.1.1 共形映射的概念

设 $w=f(z)$为 z 平面上区域D 内的连续函数,它把 z 平面上的点 z_0 映射到 w 平面上的点 $w_0=f(z_0)$,把曲线 $C:z=z(t)$映射到曲线 $C':w=f[z(t)]$.现在来研究映射所带来的几何变化,如两条曲线夹角大小的变化以及曲线弧长伸缩率的变化等.

如图 6.1(a)所示,有过点 z_0 的两条曲线 C_1,C_2,它们在交点 z_0 处的切线分别为 T_1,T_2,把从 T_1 到 T_2 按逆时针方向旋转所得的角定义为这两条曲线在交点 z_0 处从 C_1 到 C_2 的夹角.对于两条曲线的夹角,不仅要指出角度的大小,还要指出角的旋转方向.因此在点 z_0 处从 C_2 到 C_1 的夹角不等于从 C_1 到 C_2 的夹角.若在点 z_0 处从 C_1 到 C_2 的夹角或从 C_2 到 C_1 的夹角中有一个为直角,则称曲线 C_1 与 C_2 在点 z_0 处正交.

(1)若在映射 $w=f(z)$的作用下,过点 z_0 的任意两条光滑曲线夹角的大小与旋转方向都是保持不变的，则称这种映射在点 z_0 处是**保角**的. 如平移变换 $w=z+\alpha$ 就是一个很简单的保角映射.

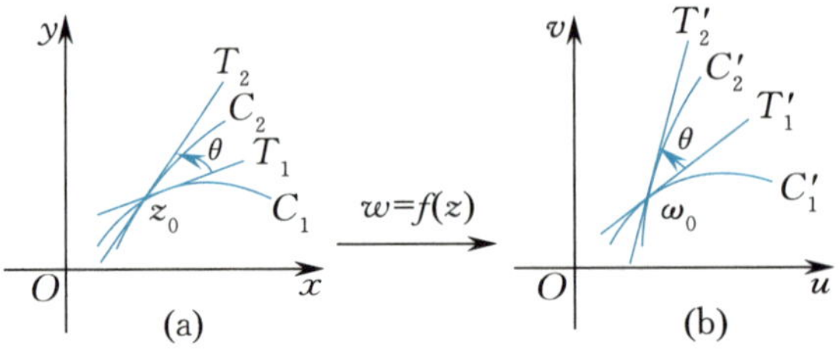

图 6.1

(2)若极限

$$\lim_{z\to z_0}\frac{|w-w_0|}{|z-z_0|}$$

存在且不等于零，则称这个极限值为 $w=f(z)$ 在点 z_0 处的**伸缩率**；并称 $w=f(z)$ 在点 z_0 处具有**伸缩率的不变性**.

综合上述两种特征，引入共形映射的概念.

定义 6.1 设函数 $w=f(z)$ 在 z_0 的邻域内是单叶的，在点 z_0 处具有保角性和伸缩率的不变性，那么称映射 $w=f(z)$ 在点 z_0 处是共形的，或称 $w=f(z)$ **在点 z_0 处是共形映射**. 如果映射 $w=f(z)$ 在 D 内的每一点处都是共形的，那么称 $w=f(z)$ 是**区域 D 内的共形映射**.

共形映射有很明显的几何特征，事实上，设 z_0,z_1,z_2 为点 z_0 的一个小邻域内的三角形的三个顶点，该三角形在点 z_0 处的伸缩率记为 A. 经过映射 $w=f(z)$ 后该三角形变成了曲边三角形 $w_0w_1w_2$（见图 6.2).

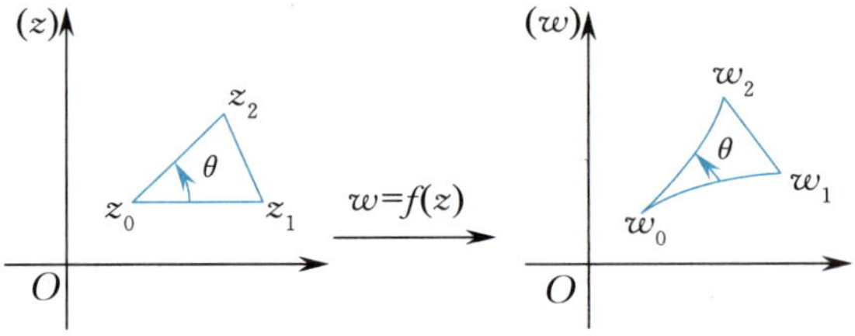

图 6.2

$w=f(z)$ 在点 z_0 处是共形的，故这两个三角形的对应角相等，对应边的长度比近似等于伸缩率 A，于是这两个三角形近似地相似. 对于以 z_0 为圆心、半径充分小的圆 $|z-z_0|=\delta$，由于伸缩率 A 仅依赖于 z_0 而不随方向变化，因而在变换 $w=f(z)$ 下，该小圆近似对应 w 平面的以 w_0 为圆心、半径为 $A\delta$ 的圆（见图 6.3).

6.1.2 解析函数与共形映射

设函数 $f(z)$ 在点 z_0 处解析，且 $f'(z_0)\neq 0$，现在讨论映射 $w=f(z)$ 的特征. 过 z_0 作一条光滑曲线 C，它的方程为

$$z=z(t), t_0 \leqslant t \leqslant T_0.$$

并设 $z_0=z(t_0)$,且 $z'(t_0) \neq 0$,则 $\operatorname{Arg} z'(t_0)$ 为 z 平面上的正实轴与 C 在点 z_0 处的切线的夹角[见图 6.4(a)].

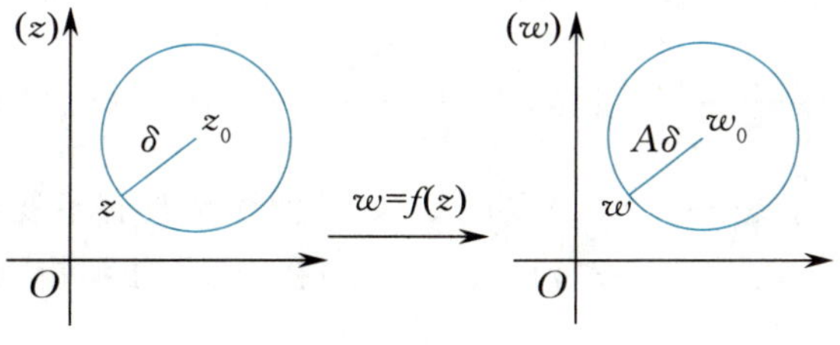

图 6.3

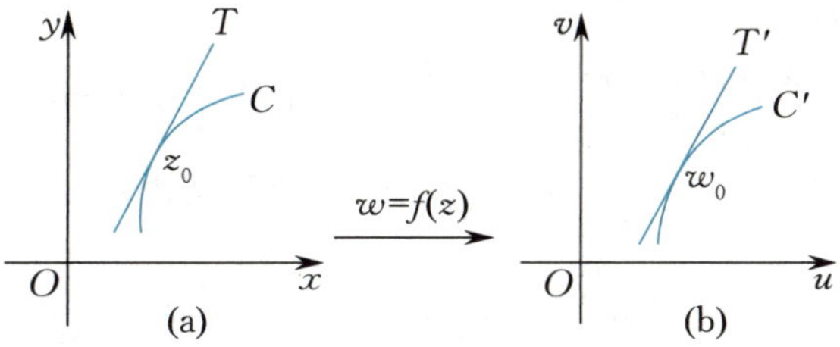

图 6.4

经过 $w=f(z)$ 把 C 映射为 w 平面上的光滑曲线 C'[见图 6.4(b)],其方程为

$$w=w(t)=f[z(t)], t_0 \leqslant t \leqslant T_0,$$

且 $w_0=f[z(t_0)]$. 由于 $w'(t_0)=f'(z_0)z'(t_0) \neq 0$,因此在 w 平面上,正实轴与 C'在点 w_0 处的切线的夹角为

$$\operatorname{Arg} w'(t_0)=\operatorname{Arg} f'(z_0)+\operatorname{Arg} z'(t_0),$$

或

$$\operatorname{Arg} w'(t_0)-\operatorname{Arg} z'(t_0)=\operatorname{Arg} f'(z_0), \tag{6.1}$$

式(6.1)说明曲线 C'在点 w_0 处的切线与正实轴的夹角和原像曲线 C 在点 z_0 处的切线与正实轴的夹角之差总是 $\operatorname{Arg} f'(z_0)$,而与曲线 C 无关. $\operatorname{Arg} f'(z_0)$就称为映射 $w=f(z)$在点 z_0 处的转动角. 这一结果可以说明 $w=f(z)$在点 z_0 处是保角的. 事实上,过点 z_0 作两条光滑曲线 C_1, C_2,它们的方程分别为

$$C_1: z=z_1(t), t_0 \leqslant t \leqslant T_0,$$
$$C_2: z=z_2(t), t_0 \leqslant t \leqslant T_0,$$

且 $z_1(t_0)=z_2(t_0)=z_0$,如图 6.1(a)所示. 映射 $w=f(z)$把它们分别映射为过点 w_0 的两条光滑曲线 C'_1, C'_2,如图 6.1(b)所示,它们的方程分别为

$$C'_1: w=w_1(t)=f[z_1(t)], \quad t_0 \leqslant t \leqslant T_0,$$
$$C'_2: w=w_2(t)=f[z_2(t)], \quad t_0 \leqslant t \leqslant T_0.$$

由式(6.1)可得

$$\operatorname{Arg} w'_1(t_0)-\operatorname{Arg} z'_1(t_0)=\operatorname{Arg} f'(z_0)=\operatorname{Arg} w'_2(t_0)-\operatorname{Arg} z'_2(t_0),$$

即

$$\operatorname{Arg} z_2'(t_0)-\operatorname{Arg} z_1'(t_0)=\operatorname{Arg} w_2'(t_0)-\operatorname{Arg} w_1'(t_0), \tag{6.2}$$

式(6.2)的左端是曲线 C_1 和 C_2 在点 z_0 处的夹角，右端是曲线 C_1' 和 C_2' 在点 w_0 处的夹角，而这个式子说明了 $w=f(z)$在点 z_0 处是保角的. 另外，因为 $f'(z_0)$存在，且不等于零，所以

$$\lim_{z\to z_0}\frac{|w-w_0|}{|z-z_0|}=\lim_{z\to z_0}\frac{|f(z)-f(z_0)|}{|z-z_0|}=|f'(z_0)|\neq 0,$$

这个极限与曲线 C 无关，于是 $w=f(z)$在点 z_0 处的伸缩率具有不变性.

又 $w=f(z)=u(x,y)+\mathrm{i}v(x,y)$，且 $w=f(z)$在点 z_0 处解析，则在该点满足柯西-黎曼方程：

$$\frac{\partial u}{\partial x}=\frac{\partial v}{\partial y},\quad \frac{\partial u}{\partial y}=-\frac{\partial v}{\partial x},$$

于是，该点的雅可比式为

$$\frac{\partial(u,v)}{\partial(x,y)}=\left(\frac{\partial u}{\partial x}\right)^2+\left(\frac{\partial u}{\partial y}\right)^2=|f'(z_0)|^2\neq 0.$$

根据微积分的结果，可以证明映射 $w=f(z)$在点 z_0 的邻域内是一一对应的. 综上所述，有如下定理.

定理 6.1

如果函数 $w=f(z)$在点 z_0 处解析，且 $f'(z_0)\neq 0$，那么映射 $w=f(z)$在点 z_0 处是共形的，且 $\operatorname{Arg} f'(z_0)$表示这个映射在点 z_0 处的转动角，$|f'(z_0)|$表示伸缩率. 如果解析函数$w=f(z)$在区域 D 内处处都有 $f'(z)\neq 0$，那么映射 $w=f(z)$是区域 D 内的共形映射.

定理 6.1 指出了解析函数的几何意义，根据该定理，可以通过计算导数来检验映射 $w=f(z)$是否具有共形性. 要注意的是，定理 6.1 中的条件 $f'(z_0)\neq 0$ 是很重要的. 例如，设函数 $w=z^2$，它在 $z=0$ 处解析，但导数等于 0. 如果令 $z=r\mathrm{e}^{\mathrm{i}\theta}$，则 $w=r^2\mathrm{e}^{\mathrm{i}2\theta}$，可以看出，映射 $w=z^2$，把过原点的射线 $\operatorname{Arg} z=\theta$ 映射成射线 $\operatorname{Arg} w=2\theta$. 这就意味着这个映射在 $z=0$ 处不具有保角性.

§6.2 分式线性变换

分式线性变换是共形映射中比较简单的但又很重要的一类映射，它是由

$$w=\frac{az+b}{cz+d}\ (ad-bc\neq 0) \tag{6.3}$$

来定义的，其中 a,d,b,c 均为常数. 为了保证映射的保角性，$ad-bc\neq 0$ 的限制是必要的. 否则由于$\frac{\mathrm{d}w}{\mathrm{d}z}=\frac{ad-bc}{(cz+d)^2}$，将有$\frac{\mathrm{d}w}{\mathrm{d}z}=0$，这时 $w=$常数，它将整个 z 平面映射成 w 平面上的一点.

分式线性变换又称双线性映射，它是德国数学家默比乌斯首先研究的，所以也称默比乌斯映射.

用 $cz+d$ 乘式(6.3)的两端，得

$$cwz+dw-az-b=0.$$

对每一个固定的 w，上式关于 z 是线性的，而对于每一个固定的 z，它关于 w 也是线性的. 因此，上式是双线性的，这也是称分式线性变换(6.3)为双线性映射的原因.

由式(6.3)可得 z 的 w 表达式，即逆映射：

$$z=\frac{-dw+b}{cw-a}[(-a)(-d)-cb\neq 0],$$

所以分式线性变换的逆映射也是一个分式线性变换.

容易知道，两个分式线性变换的复合，仍是一个分式线性变换. 例如，设

$$w=\frac{\alpha\xi+\beta}{\gamma\xi+\delta}\quad(\alpha\delta-\gamma\beta\neq 0), \tag{6.4}$$

$$\xi=\frac{\alpha' z+\beta'}{\gamma' z+\delta'}\quad(\alpha'\delta'-\gamma'\beta'\neq 0), \tag{6.5}$$

把式(6.5)代入式(6.4)，得

$$w=\frac{az+b}{cz+d},$$

其中 $ad-bc=(\alpha\delta-\gamma\beta)(\alpha'\delta'-\gamma'\beta')\neq 0$.

根据此事实，可以把一个一般形式的分式线性变换分解成一些简单映射的复合. 不妨设 $c\neq 0$，于是

$$w=\frac{az+b}{cz+d}=\frac{a}{c}+\frac{bc-ad}{c(cz+d)}.$$

令 $A=\frac{a}{c}$，$B=\frac{bc-ad}{c}$，则上式变为

$$w=A+\frac{B}{cz+d},$$

它由下列三个变换复合而成：

$$z'=cz+d,\quad z''=\frac{1}{z'},\quad w=A+Bz''.$$

其中第一式和第三式为整线性映射.

根据分式线性变换的结构，可以得出分式线性变换许多重要的性质.

1. 共形性

在扩充复平面上，函数 $w=\frac{az+b}{cz+d}$ 的导数除点 $z=-\frac{d}{c}$ 和 $z=\infty$ 外处处存在，而且 $\frac{\mathrm{d}w}{\mathrm{d}z}=\frac{ad-bc}{(cz+d)^2}\neq 0$，由定理 6.1，映射 $w=\frac{az+b}{cz+d}$ 除这两个点外是共形的. 至于在 $z=-\frac{d}{c}$（其像为 $w=\infty$）和 $z=\infty$ $\left(\text{其像为 } w=\frac{a}{c}\right)$ 处是否共形的问题，就关系到如何理解两条曲线在无穷远点

∞处夹角的定义,这里就不再讨论了.有下述定理.

定理 6.2

分式线性变换在扩充复平面上是一一对应的,且是共形的.

2. 保圆性

定理 6.3

分式线性变换将扩充 z 平面上的圆周映射成扩充 w 平面上的圆周,即具有保圆性.

据上所论,映射 $w=az+b$ 是将 z 平面内的一点经过平移、旋转和伸缩而得到像点 w 的.因此,z 平面内的一个圆周或一条直线经过映射 $w=az+b$ 所得的像曲线显然仍是一个圆周或一条直线.如果把直线看成半径为无穷大的圆周,那么这个映射在扩充复平面上把圆周映射成圆周.这个性质称为保圆性.

下面来阐明映射 $w=\dfrac{1}{z}$ 也具有保圆性.

z 平面上圆的一般方程为

$$A(x^2+y^2)+Bx+Cy+D=0,$$

经过代换 $x=\dfrac{z+\overline{z}}{2}, y=\dfrac{z-\overline{z}}{2\mathrm{i}}$,上式可写成

$$Az\overline{z}+\alpha z+\overline{\alpha}\,\overline{z}+D=0,$$

其中 $\alpha=\dfrac{B-C\mathrm{i}}{2}$.在扩充复平面上,上式表示包括直线在内的圆的方程.

经过映射 $w=\dfrac{1}{z}$后,上面的方程变为

$$A+\alpha\overline{w}+\overline{\alpha}w+Dw\overline{w}=0,$$

在扩充复平面上它仍是圆的方程.这说明 $w=\dfrac{1}{z}$ 也具有保圆性.

定理 6.3 指出了分式线性变换具有保圆性.那么圆内部(或外部)将映射成什么?我们有下述推论.

推论 6.1

在分式线性变换下,圆 C 映射成 C'.现在 C 内部任取一点 z_0,如果点 z_0 的像在 C'的内部,那么 C 的内部就映射成C'的内部;如果点 z_0 的像在 C'的外部,那么 C 的内部就映射成C'的外部.

证 如图 6.5 所示,设 z_1,z_2 为 C 内的任意两点,用直线段把这两点连接起来.如果线段 z_1z_2 的像为弧 $\overset{\frown}{w_1w_2}$(或直线段),且 w_1 在 C'之外,w_2 在 C'之内,那么弧 $\overset{\frown}{w_1w_2}$ 必与 C'交于一点 w^*,于是 w^* 必是 C 上某一点的像.但 w^* 又是线段 z_1z_2 上某一点的像,因而原像就有两个不同的点,一个在 C 上,另一个在 z_1z_2 上,这就与分式线性变换的一一对应性相矛盾,故推论成立.

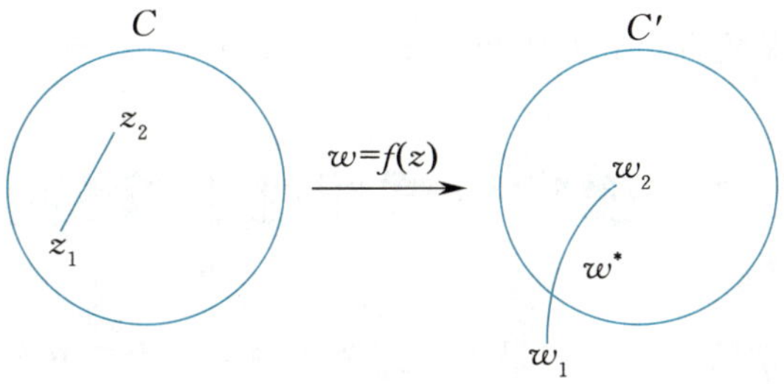

图 6.5

3. 保对称性

先引进对称点的概念.

定义 6.2 设 C 为以点 z_0 为圆心、R 为半径的圆周，如果点 z,z^* 在从 z_0 出发的射线上，且满足

$$|z-z_0|\cdot|z^*-z_0|=R^2,$$

则称 z,z^* **关于圆周 C 是对称的**；如果 C 是直线，则当以 z 和 z^* 为端点的线段被 C 垂直平分时，称 z,z^* **关于直线 C 是对称的.**

规定无穷远点关于圆周的对称点是圆心.

众所周知，z 及 $\bar{z}$ 关于实轴是对称的，显然实系数分式线性变换 $w=\dfrac{az+b}{cz+d}$ 把实轴映射成实轴，把 z 及 $\bar{z}$ 变为对称点 w 及 $\bar{w}$，这个结果能推广成更一般的情形吗？为了证明这个结论，先来阐述对称点的一个重要性质，即 z,z^* 是关于圆周 C 的对称点的充要条件是经过 z,z^* 的任何圆周 Γ 都与 C 正交.

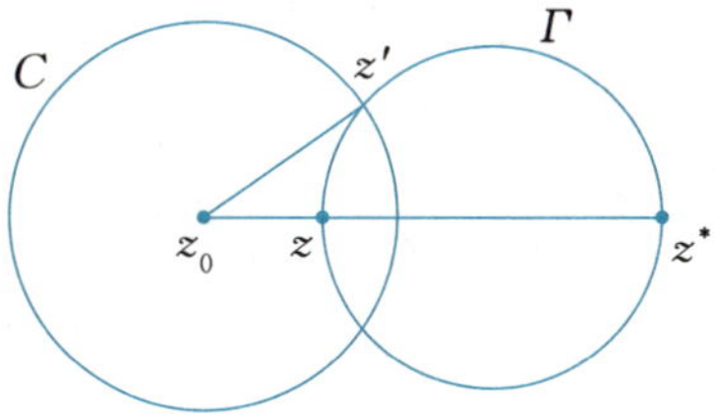

图 6.6

例如，过 z_0 引圆周 Γ 的切线，切点为 z'，如图 6.6 所示，由切割线定理，$|z_0-z^*||z_0-z|=|z_0-z'|^2$，再由对称点的定义，有

$$|z_0-z^*||z_0-z|=R^2,$$

即有

$$|z_0-z'|^2=R^2,$$

这表明 z' 在 C 上. 而 Γ 的切线段 z_0z' 就是 C 的半径，故 Γ 与 C 正交.

反过来，设 Γ 是经过 z 和 z^* 且与 C 正交的任意圆周，作为特殊情形，连接 z,z^* 的直线(半径为无穷大的圆)必与 C 正交，因而必过 z_0. 又因 Γ 与 C 于交点 z' 处正交，因此 C 的半径 z_0z' 就是 Γ 的切线，所以有

$$|z-z_0||z^*-z_0|=R^2,$$

即 z 和 z^* 关于 C 为对称点.

定理 6.4

设点 z,z^* 是关于圆周 C 的一对对称点，那么在分式线性映射下，它们的像点 w 及 w^* 是关于 C 的像曲线 C' 的一对对称点.

证 设经过 w 与 w^* 的任意圆周 Γ' 都是经过 z 与 z^* 的圆周 Γ 由分式线性变换映射过来的，由于 Γ 与 C 正交，由保角性，所以 Γ' 与 C' 也正交. 因此 w 与 w^* 是一对关于 C' 的对称点.

§6.3 确定分式线性变换的条件

式(6.3)中含有四个常数，但是，如果用这四个数中的一个去除分子和分母，就可将分式中的四个常数化为三个常数. 所以，式(6.3)中实际上只有三个独立的常数. 因此，只需给定三个条件，就能决定一个分式线性变换.

定理 6.5

在 z 平面上任意给定三个相异的点 z_1,z_2,z_3，在 w 平面上也任意给定三个相异的点 w_1,w_2,w_3，那么就存在唯一的分式线性变换，将 $z_k(k=1,2,3)$ 依次映射成 $w_k(k=1,2,3)$.

证 设

$$w=\frac{az+b}{cz+d}\quad(ad-bc\neq 0),$$

且

$$w_k=\frac{az_k+b}{cz_k+d},\quad k=1,2,3.$$

于是有

$$w-w_k=\frac{(z-z_k)(ad-bc)}{(cz+d)(cz_k+d)},\quad k=1,2,$$

以及

$$w_3-w_k=\frac{(z_3-z_k)(ad-bc)}{(cz_3+d)(cz_k+d)},\quad k=1,2,$$

从而得

$$\frac{w-w_1}{w-w_2}\cdot\frac{w_3-w_2}{w_3-w_1}=\frac{z-z_1}{z-z_2}\cdot\frac{z_3-z_2}{z_3-z_1}. \tag{6.6}$$

从式(6.6)中求出 w，即得所求分式线性变换. 从上述的求法及结果来看，这种分式线性变换是唯一的.

在定理 6.5 的条件下，进一步有推论 6.2.

推论 6.2

点 z_1,z_2,z_3 所在的圆 C 的像 C' 是 w_1,w_2,w_3 所在的圆，且如果 C 依 $z_1\to z_2\to z_3$ 的绕向与 C' 依 $w_1\to w_2\to w_3$ 的绕向相同，则 C 的内部就映射成 C' 的内部(相反时 C 的内部映射成 C' 的外部).

证 推论 6.2 中的第一个结论，根据定理 6.5 和保圆性易得. 对于推论 6.2 中的第二个结论，根据推论 6.1，只要能证明 C 的一个内点的像是 C' 的一个内点即可. 事实上，在过 z_1 的半径上取一内点 z，线段 z_1z 的像必为正交于 C' 的圆弧 $\overparen{w_1w}$，根据保角性，当绕向相同时，w 必在 C' 内(绕向相反时，w 必在 C' 外).

由于分式线性变换具有保圆性与保对称性，因此在处理边界由圆周、圆弧、直线、直线段所组成的区域的共形映射问题时，分式线性变换起着十分重要的作用. 下面举几个例子.

例 6.1 求将上半平面映射成单位圆，且将上半平面的定点 z_0 映射成圆心 $w=0$ 的分式线性变换.

解 由定理 6.4，z_0 关于实轴的对称点 $\overline{z}_0$ 的像应变为点 $w=\infty$，所以，所求分式线性变换的形式为

$$w=k\frac{z-z_0}{z-\overline{z}_0},$$

其中 k 为常数. 因为 $|w|=|k|\left|\frac{z-z_0}{z-\overline{z}_0}\right|$，而实轴上的点 z 对应着 $|w|=1$ 上的点，这时 $\left|\frac{z-z_0}{z-\overline{z}_0}\right|=1$，所以 $|k|=1$，即 $k=e^{i\theta}$，这里 θ 是实数，即所求的分式线性变换的一般形式为

$$w=e^{i\theta}\frac{z-z_0}{z-\overline{z}_0}, \mathrm{Im}\, z_0>0.$$

例 6.2 求将单位圆 $|z|<1$ 映射成单位圆 $|w|<1$ 的分式线性变换.

解 不妨设将 $|z|<1$ 内的点 z_0 映射到 $|w|<1$ 的中心 $w=0$. 由于 $\frac{1}{\overline{z}_0}$ 关于 $|z|=1$ 与 z_0 对称，因此 $\frac{1}{\overline{z}_0}$ 的像为 ∞. 于是所求映射的形式为

$$w=k_1\frac{z-z_0}{z-\frac{1}{\overline{z}_0}}=k\frac{z-z_0}{1-\overline{z}_0 z}.$$

由已知条件，当 $|z|=1$ 时，$|w|=1$，故将 $z=1$ 代入上式，有

$$1=|w|=|k|\left|\frac{1-z_0}{1-\overline{z}_0}\right|,$$

从而 $|k|=1$，即 $k=e^{i\theta}$. 于是所求映射的一般形式为

$$w=e^{i\theta}\frac{z-z_0}{1-\overline{z}_0 z}, |z_0|<1.$$

很容易由上式得到将圆 $|z|<R$ 映射成 $|w|<1$ 的分式线性变换：

$$w=e^{i\theta}\frac{R(z-z_0)}{R^2-\overline{z}_0 z}, |z_0|<R.$$

例 6.3 求将 $\mathrm{Im}\, z>0$ 映射成 $|w|<1$，且满足 $w(\mathrm{i})=0$，$\arg w'(\mathrm{i})=-\frac{\pi}{2}$ 的分式线性变换.

解 例 6.1 给出了将 $\mathrm{Im}\, z>0$ 映射成 $|w|<1$ 的一般形式，本例就是要根据具体条件确定公式中的 z_0 和 θ. 显然，$z_0=\mathrm{i}$，下面进一步确定

$$w=e^{i\theta}\frac{z-\mathrm{i}}{z+\mathrm{i}}$$

中 θ 的取值. 因为

$$w'(\mathrm{i})=\mathrm{e}^{\mathrm{i}\theta}\left.\frac{(z+\mathrm{i})-(z-\mathrm{i})}{(z+\mathrm{i})^2}\right|_{z=\mathrm{i}}=-\frac{\mathrm{i}}{2}\mathrm{e}^{\mathrm{i}\theta}=\frac{1}{2}\mathrm{e}^{\mathrm{i}\left(\theta-\frac{\pi}{2}\right)},$$

所以 $\arg w'(\mathrm{i})=\theta-\frac{\pi}{2}$,由 $\arg w'(\mathrm{i})=-\frac{\pi}{2}$ 得 $\theta=0$,因此

$$w=\frac{z-\mathrm{i}}{z+\mathrm{i}}.$$

§6.4 几个初等函数所构成的映射

6.4.1 幂函数

幂函数 $w=z^n(n\geqslant 2)$ 在 z 平面内是处处可导的,它的导数是 $\frac{\mathrm{d}w}{\mathrm{d}z}=nz^{n-1}$,因而当 $z\neq 0$ 时,$\frac{\mathrm{d}w}{\mathrm{d}z}\neq 0$. 所以,在 z 平面内除原点外,由 $w=z^n$ 所构成的映射是处处共形的. 为了讨论此映射在 $z=0$ 处的性质,令

$$z=r\mathrm{e}^{\mathrm{i}\theta},$$

$$w=\rho\mathrm{e}^{\mathrm{i}\varphi},$$

则

$$\rho=r^n,\varphi=n\theta. \tag{6.7}$$

因此,在 $w=z^n$ 的映射下,圆周 $|z|=r$ 映射成圆周 $|w|=r^n$,特别地,单位圆周 $|z|=1$ 映射成单位圆周 $|w|=1$,即以原点为中心的圆有保圆性;射线 $\theta=\theta_0$ 映射成射线 $\varphi=n\theta_0$;正实轴 $\theta=0$ 映射成正实轴 $\varphi=0$;角形域 $0<\theta<\theta_0\left(<\frac{2\pi}{n}\right)$ 映射成角形域 $0<\varphi<n\theta_0$,从这里可以看出,当 $n\geqslant 2$ 时,映射 $w=z^n$ 在 $z=0$ 处没有保角性[见图 6.7(a)].

明显地,角形域 $0<\theta<\frac{2\pi}{n}$ 映射成沿正实轴剪开的 w 平面的区域 $0<\varphi<2\pi$[见图 6.7(b)],它的一边 $\theta=0$ 映射成 w 平面正实轴的上沿 $\varphi=0$;另一边 $\theta=\frac{2\pi}{n}$ 映射成正实轴的下沿 $\varphi=2\pi$,这两个域之间的映射是一一对应的[见图 6.7(b)].

由幂函数 $w=z^n$ 所构成的映射的特点是:把以原点为顶点的角形域映射成以原点为顶点的角形域,但张角变成了原来的 n 倍. 因此,把角形域映射成角形域,经常利用幂函数.

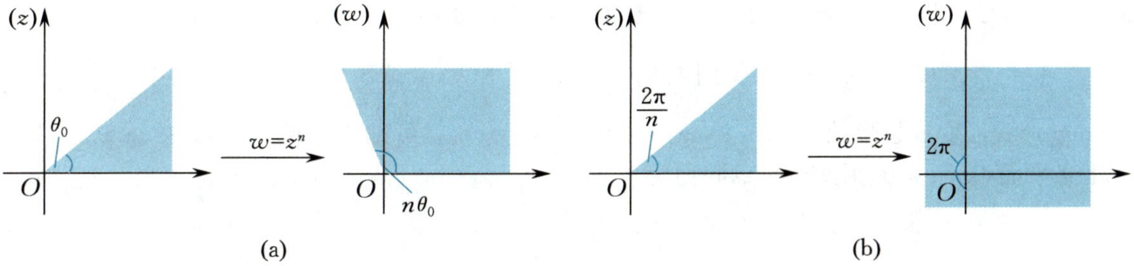

图 6.7

例 6.4 求把角形域 $0<\arg z<\frac{\pi}{8}$ 映射成单位圆 $|w|<1$ 的一个映射.

解 根据图 6.7(a) 所示，$\xi=z^8$ 将所给角形域 $0<\arg z<\frac{\pi}{8}$ 映射成上半平面 $\mathrm{Im}\,\xi>0$，又由例 6.3 知，$w=\frac{\xi-\mathrm{i}}{\xi+\mathrm{i}}$ 能将上半平面映射成单位圆 $|w|<1$，因此所求的映射为

$$w=\frac{z^8-\mathrm{i}}{z^8+\mathrm{i}}.$$

6.4.2 指数函数

在 z 平面上，因为 $w=\mathrm{e}^z$ 的导数 $w'=\mathrm{e}^z\neq 0$，所以，由 $w=\mathrm{e}^z$ 所构成的映射是一个全平面上的共形映射. 设 $z=x+\mathrm{i}y$，$w=\rho\mathrm{e}^{\mathrm{i}\varphi}$，那么

$$\rho=\mathrm{e}^x,\varphi=y,$$

于是在映射 $w=\mathrm{e}^z$ 下：

(1) z 平面上的直线 $x=$ 常数，被映射成 w 平面上的圆周 $\rho=$ 常数；而直线 $y=$ 常数，被映射成射线 $\varphi=$ 常数.

(2) z 平面上的水平带形域 $0<\mathrm{Im}\,z<a\ (a\leqslant 2\pi)$ 被映射成 w 平面上的角形域 $0<\arg w<a$ [(见图 6.8(a)].

(3) z 平面上的带形域 $0<\mathrm{Im}\,z<2\pi$ 被映射成沿正实轴剪开的 w 平面：$0<\arg w<2\pi$[见图 6.8(b)].

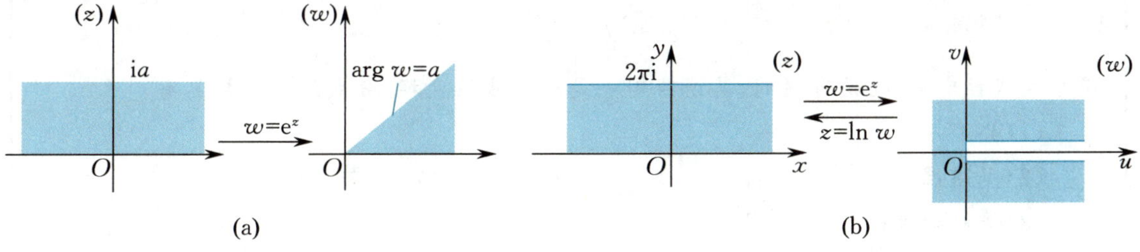

图 6.8

例 6.5 求把带形域 $a<\mathrm{Re}\, z<b$ 映射成上半平面 $\mathrm{Im}\, w>0$ 的一个映射.

解 带形域 $a<\mathrm{Re}\, z<b$(见图 6.9)经过平移、放大(或缩小)及旋转的映射 $\xi=\frac{\pi \mathrm{i}}{b-a}\cdot(z-a)$后可变成带形域 $0<\mathrm{Im}\,\xi<\pi$,再用映射 $w=\mathrm{e}^{\xi}$,就可把带形域 $0<\mathrm{Im}\,\xi<\pi$ 映射成上半平面 $\mathrm{Im}\, w>0$,因此所求的映射为

$$w=\mathrm{e}^{\frac{\pi \mathrm{i}}{b-a}(z-a)}.$$

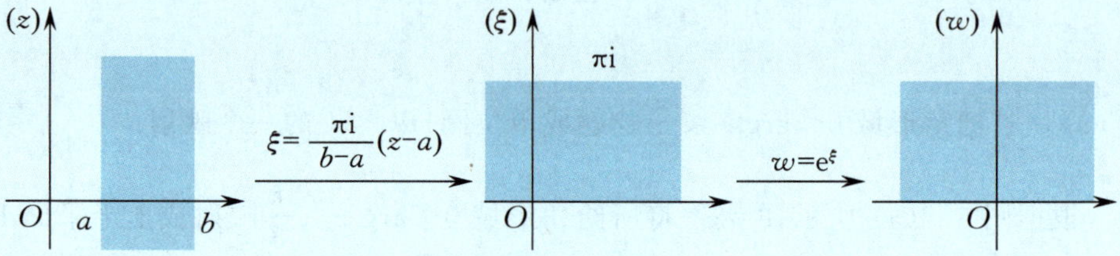

图 6.9

本章小结

1. 共形映射的两个主要特征

(1)保角性;

(2)伸缩率的不变性.

在共形映射 $w=f(z)$的作用下,过点 z_0 的任意两条光滑曲线的夹角的大小与旋转方向保持不变;过点 z_0 的任意一条曲线在点 z_0 处的伸缩率都相同.

2. 解析函数的共形性

若函数 $w=f(z)$在点 z_0 处解析,且 $f'(z_0)\neq 0$,那么映射 $w=f(z)$在点 z_0 处是共形的,而且 $\arg f'(z_0)$表示这个映射在点 z_0 处的转动角,它的大小和方向与曲线的形状和方向无关.$|f'(z_0)|$是经过 $w=f(z)$映射后,过点 z_0 的任意曲线在点 z_0 处的伸缩率.

3. 分式线性变换的性质

$$w=\frac{az+b}{cz+d}\quad(ad-bc\neq 0)$$

是分式线性变换,它是可逆的,其逆映射也是分式线性变换.分式线性变换具有:

(1)共形性;

(2)保圆性;

(3)保对称性;

(4)在扩充复平面上的一一对应性.

在 z 平面和 w 平面上分别任意给定三个相异的点 z_1,z_2,z_3 和 w_1,w_2,w_3，则存在唯一的将 z_1,z_2,z_3 依次映射成 w_1,w_2,w_3 的分式线性变换：

$$\frac{w-w_1}{w-w_2}\cdot\frac{w_3-w_2}{w_3-w_1}=\frac{z-z_1}{z-z_2}\cdot\frac{z_3-z_2}{z_3-z_1}.$$

几个典型的分式线性变换如下.

(1)将上(下)半平面映射成上(下)半平面：

$$w=\frac{az+b}{cz+d},$$

其中 a,b,c,d 都为实常数，且 $ad-bc\neq0$.

(2)将上半平面映射成单位圆：

$$w=e^{i\theta}\frac{z-z_0}{z-\overline{z}_0},$$

其中 θ 为实数.

(3)将单位圆映射成单位圆：

$$w=e^{i\theta}\frac{z-z_0}{1-\overline{z}_0z},|z_0|<1,$$

其中 θ 为实数.

4. 几个初等函数的映射性质

(1)幂函数 $w=z^n$ 除原点外是处处共形的，其把以原点为顶点的角形域映射成以原点为顶点的角形域，但张角扩大为原来的 n 倍.

(2)指数函数 $w=e^z$ 的特点：z 平面上的直线 $x=$常数，被映射成 w 平面上的圆周 $\rho=$常数；而直线 $y=$常数，被映射成射线 $\varphi=$常数；水平带形域 $0<\text{Im } z<a(a\leqslant2\pi)$ 被映射成角形域 $0<\arg w<a$.

中国复分析专家

陈建功，数学家，1893 年 9 月 8 日出生. 1929 年，陈建功婉言谢绝了导师留他在日本工作的美意，回到朝思暮想的祖国，众多大学争相延聘. 浙江大学邵裴之校长请到了这位英才，并委以数学系主任之职. 1955 年，陈建功被选聘为中国科学院学部委员(院士)，1971 年 4 月 11 日，陈建功逝世. 他曾任浙江大学教授，复旦大学教授，杭州大学教授、副校长，主要从事实变函数论、复变函数论和微分方程等方面的研究工作，是中国函数论方面的学科带头人和许多分支研究领域的开拓者. 20 世纪 20 年代，他独立解决了函数可以用绝对收敛的三角级数来表示等根本性数学问题，得到了关于无条件收敛的判别理论.

习题 6

1. 在映射 $w=\mathrm{i}z$ 下，下列图形被映射成什么形状？

(1)以 $z_1=\mathrm{i}, z_2=-1, z_3=1$ 为顶点的三角形；

(2)圆 $|z-1|\leqslant 1$.

2. 求 $w=z^2$ 在 $z=\mathrm{i}$ 处的伸缩率和旋转角，并说明 $w=z^2$ 将曲线的经过点 $z=\mathrm{i}$ 且平行于实轴正向的切线方向映射成 w 平面上的哪一个方向.

3. 一个解析函数所构成的映射，在什么条件下具有伸缩率和旋转角的不变性？映射 $w=z^2$ 在 z 平面上的每一点都具有这个性质吗？

4. 下列区域在指定的映射下，被映射成什么区域？

(1)$\mathrm{Re}\, z>0, w=\mathrm{i}z+\mathrm{i}$;

(2)$\mathrm{Im}\, z>0, w=(1+\mathrm{i})z$;

(3)$0<\mathrm{Im}\, z<\dfrac{1}{2}, w=\dfrac{1}{z}$;

(4)$\mathrm{Re}\, z>1, \mathrm{Im}\, z>0, w=\dfrac{1}{z}$;

(5)$\mathrm{Re}\, z>0, 0<\mathrm{Im}\, z<1, w=\dfrac{\mathrm{i}}{z}$.

5. 试确定在映射

$$w=\frac{z-1}{z+1}$$

作用下，下列集合的像：

(1) $\mathrm{Re}\, z=0$;　(2)$|z|=2$;　(3)$\mathrm{Im}\, z>0$.

6. 求将 $|z|<1$ 映射成 $|w|<1$ 的分式线性变换 $w=f(z)$，并满足条件：

(1) $f\left(\dfrac{1}{2}\right)=0, f(-1)=1$;

(2) $f\left(\dfrac{1}{2}\right)=0, \arg f'\left(\dfrac{1}{2}\right)=\dfrac{\pi}{2}$;

(3) $f(a)=a, \arg f'(a)=\varphi$.

7. 求将顶点为 $0,1,\mathrm{i}$ 的三角形的内部映射为顶点依次为 $0,2,1+\mathrm{i}$ 的三角形内部的分式线性变换.

8. 映射 $w=\mathrm{e}^z$ 将下列区域映射成什么图形？

(1) 直线网 $\mathrm{Re}\, z=C_1, \mathrm{Im}\, z=C_2$;

(2) 带形域 $\alpha<\operatorname{Im} z<\beta, 0\leqslant\alpha<\beta\leqslant 2\pi$;

(3) 半带形域 $\operatorname{Re} z>0, 0<\operatorname{Im} z<\alpha, 0\leqslant\alpha\leqslant 2\pi$.

9. 求将 $\operatorname{Im} z<1$ 的去掉单位圆 $|z|<1$ 的区域映射为上半平面 $\operatorname{Im} w>0$ 的映射.

10. 试求将 $|z|<1$ 共形映射成 $|w-1|<1$ 的分式线性变换.

第7章 MATLAB在复变函数中的应用

MATLAB是一款在数学及其他理工学科的研究中都极为重要的工具软件.本章主要论述MATLAB在复变函数中的应用,先后介绍应用MATLAB进行复数的计算,求解复变函数方程和求解复变函数的极限,求解复变函数的导数及在指定点的导数值,求解复变函数的积分及留数,求解复变函数的泰勒展开式;最后介绍MATLAB在复变函数可视化方面的应用,包括绘制复变函数的图像、复映射的像以及绘制复变函数泰勒展开式与洛朗展开式的图像.

§7.1 复数和复矩阵的生成

在MATLAB中,虚数单位为i=j=sqrt(−1),其值在工作空间中都显示为0+1.0000i.

7.1.1 复数的生成

复数可由z=a+b * i语句生成,也可简写成z=a+bi.

另一种生成复数的语句是z=r * exp(i * theta),也可简写成z=r * exp(thetai),其中theta为复数z辐角的弧度值,r为复数的模.

7.1.2 复矩阵的生成

复矩阵的生成方法有以下两种.

(1)如同生成一般的矩阵一样,如

A=[3+5 * i,−2+3i,9 * exp(i * 6),23 * exp(33i)]

(2)可将实、虚矩阵分开创建,再写成和的形式,如

```
re=rand(3,2);
```

```
    im=rand(3,2);
    com=re+i * im
com=
    [0.6602+0.3093i    0.3412+0.3704i
     0.3420+0.8385i    0.5341+0.7027i
     0.2897+0.5681i    0.7271+0.5466i]
```

注　实、虚矩阵的大小应相同.

§7.2 复数的计算

在 MATLAB 中,对于复数 $z=x+yi$ 的计算,只需简单调用其内部函数即可完成,下面来看几个具体的例子.

例 7.1　求下列复数的实部、虚部、辐角、模及共轭复数:

$$i^{10}+i^3+i+12;\quad \frac{(3+i)^2(1+i)^2}{(5+i)^3(2+i)^4};\quad \ln(\sqrt{5+i}+i);\quad 3-2i.$$

分析:复数的表示法有三角表示法及指数表示法,而在这两种表示法中,辐角的计算公式较复杂.若应用 MATLAB 来计算,则只需直接调用 MATLAB 的内部函数 real、imag、angle、abs、conj 即可.若要一次性处理许多的这类问题,可以把待求的这些复数式建立成一个复矩阵,然后对该复矩阵按要求进行运算.

解　MATLAB 程序及结果如下:

```
>>A=[i^10+i^3+i+12,(((3+i)^2) * ((1+i)^2))/(((5+i)^3) * ((2+i)^4)),log((5+i)^(1/2)
+i),3-2 * i]  %以上述复数式建成复矩阵 A
>>real(A)  %求复矩阵 A 中各元素的实部
ans =
  11.0000    0.0059    0.9393    3.0000
>>imag(A)  %求复矩阵 A 中各元素的虚部
ans =
        0   -0.0014    0.4983   -2.0000
>>angle(A) %求复矩阵 A 中各元素的辐角
ans =
        0   -0.2325    0.4877   -0.5880
>>abs(A) %求复矩阵 A 中各元素的模
ans =
  11.0000    0.0060    1.0632    3.6056
```

```
>>conj(A)  %求复矩阵 A 中各元素的共轭复数
ans =
  11.0000 + 0.0000i  0.0059 + 0.0014i  0.9393 - 0.4983i  3.0000 + 2.0000i
```

§7.3 复变函数方程的求解与极限运算

复变函数方程的求解与极限运算可直接通过 MATLAB 内置的符号运算工具箱来实现.需要注意的是,MATLAB 在较新的版本中,对方程和系统求解器 solve 和求极限函数 limit 的定义进行了修改,本章以 R2019b 版本为例进行操作.

例 7.2 求下列方程的根:

(1)$z^3+8=0$;　(2)$\ln(z^4+2z^3+z^2+3)=10$;　(3)$\cos(z+i)=1/2$.

解 (1)MATLAB 程序及结果如下:

```
>>syms z  %定义符号变量
>> solve(z^3+8==0)  %MATLAB R2019b 版本代码
ans =
           -2
1 - 3^(1/2) * 1i
1 + 3^(1/2) * 1i
```

注 此处也可以用 solve(z^3+8)语句求解.

(2)MATLAB 程序及结果如下:

```
>>syms z %定义符号变量
>> solve(log(z^4+2 * z^3+z^2+3)==10)  %MATLAB R2019b 版本代码
ans =
- (1 - 4 * (exp(10) - 3)^(1/2))^(1/2)/2 - 1/2
  (1 - 4 * (exp(10) - 3)^(1/2))^(1/2)/2 - 1/2
- (4 * (exp(10) - 3)^(1/2) + 1)^(1/2)/2 - 1/2
  (4 * (exp(10) - 3)^(1/2) + 1)^(1/2)/2 - 1/2
```

(3)MATLAB 程序及结果如下:

```
>>syms z  %定义符号变量
>> solve(cos(z+i)==1/2)  %MATLAB R2019b 版本代码
ans =
- pi/3 - 1i
  pi/3 - 1i
```

例 7.3　求下列极限：

(1)$\lim\limits_{z\to 0}\dfrac{\sin z}{z}$；　　(2)$\lim\limits_{t\to\infty}(1+z/t)^t$；　　(3) $\lim\limits_{z\to 1+5i}\dfrac{z}{1+z}$.

解　(1)MATLAB 程序及结果如下：

```
>> syms z  %定义符号变量
>> limit((sin(z))/z,z,0)  %调用 limit 函数求极限
ans =
1
```

(2)MATLAB 程序及结果如下：

```
>> syms t  %定义符号变量
>> limit((1+z/t)^t,t,inf)  %调用 limit 函数求极限,其中 inf 为 MATLAB 内部常量,表示无穷大
ans =
exp(z)
```

(3) 与前两问不同的是,这里极限的变量 z 趋于复数 1+5i,在 MATLAB R2019b 版本中无法直接计算该极限,这里采用字母 a 代替虚数单位,让 MATLAB 对其进行符号运算以计算极限.

MATLAB 程序及结果如下：

```
>> syms z a  %定义符号变量,a 表示虚数单位
>> z0=1+5*a  %定义极限点
>>limit(z/(1+z),z,z0)  %调用 limit 函数求极限
ans =
(5*a + 1)/(5*a + 2)
>>(1+5*i)/(2+5*i)  %用 i 回代 a,并用 MATLAB 计算结果
ans =
   0.9310 + 0.1724i
```

§7.4　复变函数的导数

应用 MATLAB 可以方便地计算复变函数的导数和在某一点处的导数值.

例 7.4　求下列函数的导数：

(1)求 $f(z)=z^9$ 的一阶导数；

(2)求 $f(z)=\ln(1+\sin z)$ 在 $z=\dfrac{i}{2}$ 处的导数.

解 (1)MATLAB 程序及结果如下：

```
>> syms z  %定义符号变量
>> f=z^9  %定义函数
>> df=diff(f,z)  %调用 diff 函数求导
df =
9 * z^8
```

(2)MATLAB 程序及结果如下：

```
>> syms z  %定义符号变量
>> f=log(1+sin(z))  %定义函数
f =
log(sin(z) + 1)
>> df=diff(f,z)  %调用 diff 函数求导
df =
cos(z)/(sin(z) + 1)
>> vdf=subs(df,z,i/2)  %调用 subs 函数求 f 在 z=i/2 处的值
vdf =
    0.8868 - 0.4621i
```

§7.5 复变函数的积分及留数计算

积分的计算是复变函数中的重要内容，由于复积分的积分路径既可以是开曲线，也可以是简单闭曲线，以及被积函数间存在差异，因此有些复积分的计算比较复杂，但是利用 MATLAB 可以容易地计算各类型复变函数的积分.

7.5.1 转化为定积分计算

例 7.5 计算下列积分：

(1) $\int_0^{i} z\cos z\,dz$；

(2) $\int_C z\,dz$，C 为从 0 到 $3+4i$ 的直线段；

(3) $\oint_C \dfrac{dz}{(z+i)^{10}(z-1)(z-3)}$，$C$ 为正向圆周：$|z|=2$.

解 (1)MATLAB 程序及结果如下：

```
>> syms z  %定义符号变量
>> f=z * cos(z)  %定义被积函数 f
```

```
f =
z * cos(z)
>> intf=int(f,z,0,i)   %调用 int 函数计算积分
intf =
exp(-1) - 1
```

(2)**方法一**　MATLAB 程序及结果如下：

```
>> syms z   %定义符号变量
>> int(z,z,0,3+4i)   %调用 int 函数计算积分
ans =
12 * i - 7/2
```

方法二　在进行积分前，先把直线 C 的方程化为参数方程 $\begin{cases} x=3t, \\ y=4t \end{cases}$ $(0\leqslant t\leqslant 1)$，则 $z=(3+4\mathrm{i})t$，此时可应用 MATLAB 进行积分.

MATLAB 程序及结果如下：

```
>> syms z t   %定义符号变量
>> z=(3+4i) * t   %定义直线的参数方程
>> intf=int(z * diff(z),t,0,1)   %调用 int 函数计算积分
intf =
12 * i - 7/2
```

(3)**方法一**　把直线 C 的方程化为参数方程 $z=2\cos t+2\mathrm{i}\sin t, t\in[0,2\pi]$.

MATLAB 程序及结果如下：

```
>> syms z t   %定义符号变量
>> z=2 * cos(t)+2 * i * sin(t)   %定义圆周的参数方程
>> f = 1/(((z+i)^10) * (z-1) * (z-3))   %定义被积函数 f
>> intf=int(f * diff(z),0,2 * pi)   %调用 int 函数计算积分
intf =
pi * (237/312500000 + 779i/78125000)
```

方法二　把直线 C 的方程化为参数方程 $z=2\exp(\mathrm{i}t), t\in[0,2\pi]$，其余部分类似方法一.

7.5.2　先计算留数，再利用留数定理计算围线积分

由留数定理，设 Ω 是由有限条简单闭曲线所围成的区域，除 Ω 内的 $z_1, z_2, \cdots, z_m$ 点外，函数 $f(z)$ 在区域 Ω 内解析，则 $\int_{\Omega} f(z)\mathrm{d}z=2\pi\mathrm{i}\sum_{j=1}^{m}\mathrm{Res}[f(z), z_j]$. 也就是说，留数定理将计算积分这个庞大的问题，等同于计算函数在各孤立奇点处的留数，最后将它们相加. 实际上，所有的闭曲线积分都可以用留数定理来计算，而且思路简单直接，因此，不必用复杂的柯西积分公式、

高阶导数公式和复合闭路定理来分析.而 MATLAB 提供了直接计算留数的函数 residue,它能对形如 $f(z)=\frac{B(z)}{A(z)}=\frac{b_m z^m+b_{m-1}z^{m-1}+\cdots+b_1 z+b_0}{a_n z^n+a_{n-1}z^{n-1}+\cdots+a_1 z+a_0}$ 的有理分式被积函数进行部分分式分解并求其在指定点处的留数.

在 MATLAB 中,要对有理分式进行部分分式分解,直接调用 residue 函数即可,不过在调用时,要注意语句的格式为[r,p,k]=residue(num,den),其中语句中的参数 r 表示由该分式的系数所组成的数组,p 表示极点所组成的数组,k 表示分解后的余项,而 num 和 den 分别表示 $f(z)$的分子和分母的系数.调用[r,p,k]= residue(num,den)后,MATLAB 将按照

$$f(z)=\frac{r(1)}{z-p(1)}+\frac{r(2)}{z-p(2)}+\frac{r(3)}{z-p(3)}+\cdots+\frac{r(n)}{z-p(n)}+k(z)$$

的形式给出所求有理分式展开的部分分式,其中 $k(z)$为余项,若输出 $k(z)$为空值,则代表该有理分式所展开的部分分式的余项为 0.

例 7.6 求函数 $f(z)$的部分分式展开式,

$$f(z)=\frac{z^4+11z^3+39z^2+52z+26}{z^4+10z^3+35z^2+50z+24}.$$

解 MATLAB 程序及结果如下:

```
>> num=[1 11 39 52 26];  %定义有理分式分子的系数
>> den=[1 10 35 50 24];  %定义有理分式分母的系数
>> [r,p,k]=residue(num,den)  %调用 residue 函数将有理分式展开为部分分式
r =
    1.0000
    2.5000
   -3.0000
    0.5000
p =
   -4.0000
   -3.0000
   -2.0000
   -1.0000
k =
    1
```

由此即有 $f(z)=\frac{z^4+11z^3+39z^2+52z+26}{z^4+10z^3+35z^2+50z+24}=\frac{1}{z+4}+\frac{2.5}{z+3}+\frac{-3}{z+2}+\frac{0.5}{z+1}+1.$

并且由 MATLAB 程序运算结果可知,函数 $f(z)$的极点为−4,−3−2,−1;这些极点对应的留数值分别为

$\mathrm{Res}[f(z),-4]=1,\mathrm{Res}[f(z),-3]=2.5,\mathrm{Res}[f(z),-2]=-3,\mathrm{Res}[f(z),-1]=0.5.$

若有理分式函数 $f(z)$中含有重极点,则其所展开的部分分式中还包含形如

$$\frac{r(j)}{z-p(j)}+\frac{r(j+1)}{[z-p(j)]^2}+\frac{r(j+2)}{[z-p(j)]^3}+\cdots+\frac{r(j+q-1)}{[z-p(j)]^q}$$

的项，其中 $p(j)$ 为 $f(z)$ 的 q 级极点.

在处理一些求有理分式函数的部分分式分解时，常遇到有理分式函数 $F(z)$ 的分母或分子并不是多项式形式的情况，此时则不能直接调用 residue 函数求 $F(z)$ 的部分分式. 在求这种有理分式函数 $F(z)$ 的分母或分子并不是多项式形式的部分分式的展开式前，要先将函数 $F(z)$ 的分母或分子展开成多项式. 为此，可利用 MATLAB 内置的信号处理工具箱中的卷积函数 conv 编写多项式乘积程序来展开.

在 MATLAB 脚本编辑窗口中输入：

```
function polynomial(a,n)
b=conv(a,a);
for i=1:n
    b=conv(b,a);
end
b
```

此处 a 表示分母多项式的系数，n 表示多项式最高有 $(n+2)$ 次幂. 将脚本命名为 polynomial. f. 在将函数 $f(z)$ 的分母或分子展开成多项式时，直接调用 polynomial 函数即可.

例 7.7　求函数 $f(z)$ 的部分分式展开式，

$$f(z)=\frac{z^2+4z+6}{(z+1)^3}.$$

解　MATLAB 程序及结果如下：

```
>> a=[1,1];
>> n=1;  %输入多项式系数和幂
>> polynomial(a,n)  %调用 polynomial 函数计算多项式乘积
b =
    1    3    3    1
>> num=[1 4 6];  %定义有理分式分子的系数
>> den=[1 3 3 1];  %定义有理分式分母的系数
>> [r,p,k]=residue(num,den)  %调用 residue 函数将有理分式展开为部分分式
r =
    1.0000
    2.0000
    3.0000
p =
   -1.0000
   -1.0000
   -1.0000
```

```
k =
    []
```

所以可得 $f(z)=\frac{z^2+4z+6}{(z+1)^3}=\frac{1}{z+1}+\frac{2}{(z+1)^2}+\frac{3}{(z+1)^3}$,并且由 MATLAB 输出结果还可得知,函数 $f(z)=\frac{z^2+4z+6}{(z+1)^3}$的极点为 $z=-1$,此极点为三级极点,函数 $f(z)=\frac{z^2+4z+6}{(z+1)^3}$在该点处的留数为 $\mathrm{Res}[f(z),-1]=1$.

而对于非有理分式的一般函数 $f(z)$,若应用 residue(a,b)函数则显得十分烦琐,甚至会出现对此无从下手的情况.因此,若要求一般的函数 $f(z)$在 $z=z_0$ 处的留数,要重新编制程序.第一步,求解 $f(z)$在 $z=z_0$ 处的极点级次.为此,要利用 MATLAB 编制函数 OrderofPole(f,z0).在 MATLAB 脚本编辑窗口中输入:

```
function [k] = OrderofPole(f,z0)
  syms z x
  for k=0:100
    fk = f * (z-z0)^k;
    if isempty(symvar(fk))
      r=0;
    else
      if z0 ==0
          r=limit(fk,z0);
      else
          r=limit(subs(fk,z,z0 * x),1);
      end
    end
    if ~(isinf(r)||isnan(r))
        break
    end
  end
end
```

保存脚本,命名为 OrderofPole.f.在计算 $f(z)$在 $z=z_0$ 处的极点级次时,直接调用 OrderofPole 函数即可.

例 7.8 求函数 $f(z)=\frac{1-e^{2z}}{z^4}$在 $z=0$ 处极点的级次.

解 MATLAB 程序及结果如下:

```
>> syms z  %定义符号变量
>> f=(1-exp(2 * z))/z^4  %定义函数 f
```

```
f =
-(exp(2 * z) - 1)/z^4
>> z0=0   %定义极点 z0
z0 =
    0
>> k=OrderofPole(f,z0)   %调用 OrderofPole 函数计算极点的级次
k =
    3
```

由此求得函数 $f(z)=\dfrac{1-e^{2z}}{z^4}$ 在 $z=0$ 处极点的级次为 3.

在用 MATLAB 解决了函数 $f(z)$ 在点 z_0 处的极点级次的问题后，就可以求解函数 $f(z)$ 在点 z_0 处的留数了. 这里用 MATLAB 编制求解函数 $f(z)$ 在点 z_0 处的留数的函数 Residue(f,z0). 在 MATLAB 脚本编辑窗口中输入：

```
function [r,k] = Residue(f,z0)
  syms z x
  for m = 1:length(z0)
    k(m) = OrderofPole(f,z0(m))
    if k(m)>0
        fk = diff(f * (z-z0(m))^k(m),k(m)-1);
        if z0(m)==0
          r(m) = limit(fk,z0(m));
        else
          r(m) = limit(subs(fk,z,z0(m) * x),1);
        end
        r(m) = r(m)/factorial(k(m)-1);
    end
  end
end
```

保存脚本，命名为 Residue. f. 在计算函数 $f(z)$ 在 $z=z_0$ 处的留数时，直接调用函数 [r,k]=Residue()便可返回极点 $z=z_0$ 的极次 k 及 $f(z)$ 在 $z=z_0$ 处的留数 r.

例 7.9 求下列函数在极点处的留数.

(1) $f(z)=\dfrac{z\sin z}{(1-e^z)^4}$;

(2) $f(z)=\dfrac{1}{z^4(z-i)}$.

解 (1)易求得函数 $f(z)$ 的极点为 $z=0$.

MATLAB 程序及结果如下：

```
>> syms z   %定义符号变量
```

```
>>z0=0 %定义极点
z0 =
0
>> f=z * sin(z)/(1-exp(z))^4   %定义函数 f
f =
(z * sin(z))/(exp(z) - 1)^4
>> [r,k]=Residue(f,z0)   %调用 Residue 函数计算极点的级次及函数在极点处的留数
k =
2
r =
-2
```

所以 $z=0$ 是函数 $f(z)$ 的二级极点，且 $f(z)$ 在极点 $z=0$ 处的留数为 -2.

(2)易求得 $f(z)$ 极点为 $z=0$ 和 $z=i$.

MATLAB 程序及结果如下：

```
>> syms z   %定义符号变量
>> z0=0;z1=i   %定义极点
>> f=1/((z^4) * (z-i))   %定义函数 f
f =
1/(z^4 * (z - 1i))
>> [r,k]=Residue(f,z0)   %调用 Residue 函数计算极点的级次及函数在极点处的留数
k =
4
r =
-1
>> [r,k]=Residue(f,z1)   %调用 Residue 函数计算极点的级次及函数在极点处的留数
k =
1
r =
1
```

所以 $z=0$ 是函数 $f(z)$ 的四级极点，且 $f(z)$ 在极点 $z=0$ 处的留数为 -1；$z=i$ 是 $f(z)$ 的一级极点，且 $f(z)$ 在极点 $z=i$ 处的留数为 1.

在用 MATLAB 编制出程序计算函数的留数后，直接应用留数定理，便可计算复积分.

例 7.10 已知函数 $f(z)=\dfrac{1}{(z-i)^8(z+1)(z-5)}$，计算复积分 $\oint_\Gamma f(z)\mathrm{d}z$，其中 Γ 为 $|z|=2$ 的逆时针圆周.

解　MATLAB 程序及结果如下：

```
>> syms z  %定义符号变量
>> f=1/(((z-i)^8)*(z+1)*(z-5))  %定义函数 f
>> z0=unique(solve(1/f,z))  %求解函数方程的所有极点
z0 =
-1
 5
1i
>> z0=z0(find(abs(z0)<2))  %找到所有在|z|=2 内的点
z0 =
-1
1i
>> [r,k]=Residue(f,z0)  %调用 Residue 函数计算极点的级次及函数在各极点处的留数
k =
     1          8
r =
[-1/96,16994395/1631461442 - 595i/1631461442]
>> int=2*pi*i*sum(r)%应用留数定理计算积分
int =
pi*(595/815730721 + 239i/39155074608).
```

所以 $z=1$ 是函数 $f(z)$ 的一级极点，且 $f(z)$ 在极点 $z=1$ 处的留数为 $-1/96$；$z=\mathrm{i}$ 是 $f(z)$ 的八级极点，且 $f(z)$ 在极点 $z=\mathrm{i}$ 处的留数为 16 994 395/1 631 461 442 − 595i/1 631 461 442，应用留数定理计算得积分值为 $\left(\frac{595}{815\ 730\ 721}+\frac{239}{39\ 155\ 074\ 608}\mathrm{i}\right)\pi$.

§7.6　复变函数的泰勒展开式

求解析函数的泰勒展开式也是复变函数的重点内容之一，使用 MATLAB 不仅可以大大简化计算，而且可以得到展开式需要的项数. 具体格式为 taylor(f,n,variable,a)，其中 f 为需要展开的函数表达式，n 声明输出展开式的前 n 项，variable 声明展开变量，a 为变量求导的取值点. 注意：n 可以省略，默认输出前 6 项.

例 7.11　求下列函数在指定点处的泰勒展开式.

(1) $f(z)=\tan z$ 在 $z=\frac{\pi}{4}$ 处；

(2) $f(z)=\frac{\sin z}{z}$ 在 $z=0$ 处；

(3) $f(z)=\dfrac{e^z}{1-z}$ 在 $z=0$ 处.

解　(1)MATLAB 程序及结果如下：

```
>> syms z  %定义符号变量
>> f=tan(z)  %定义函数 f
>> taylor(f,z,pi/4)
ans =
2 * z - pi/2 + 2 * (z - pi/4)^2 + (8 * (z - pi/4)^3)/3 + (10 * (z - pi/4)^4)/3 + (64 * (z - pi/4)^5)/15 + 1
```

(2)MATLAB 程序及结果如下：

```
>> syms z  %定义符号变量
>> f=sin(z)/z  %定义函数 f
f =
sin(z)/z
>> taylor(f,z,0)
ans =
z^4/120 - z^2/6 + 1
```

(3)MATLAB 程序及结果如下：

```
>> syms z  %定义符号变量
>> f=exp(z)/(1-z)  %定义函数 f
f =
-exp(z)/(z - 1)
>> taylor(f,10,z,0)  %在 MATLAB R2019b 版本调用 taylor 函数求泰勒展开式的命令
ans =
(98641 * z^9)/36288 + (109601 * z^8)/40320 + (685 * z^7)/252 + (1957 * z^6)/720 + (163 * z^5)/60 + (65 * z^4)/24 + (8 * z^3)/3 + (5 * z^2)/2 + 2 * z + 1.
```

§7.7　MATLAB 在复变函数可视化中的应用

众所周知，一元实变函数 $y=f(x)$ 表示 Oxy 平面上的一条曲线，而二元实变函数 $z=f(x,y)$ 表示的是空间 $Oxyz$ 上的一个曲面. 而对复变函数 $w=f(z)$ 来说，若假设 $z=x+\mathrm{i}y$，则 $w=f(z)$ 经整理后会表示为形如 $w=u(x,y)+\mathrm{i}v(x,y)$ 的表达式，而其中 $u(x,y)$，$v(x,y)$ 都是二元实变函数，所以在绘制图形时就需要有四个量来表示. 但是因为所处空间和思维的局限性，在计算机屏幕上只能表现出三个空间向量，没有空间向量可以表示第四

个维度. 在 MATLAB 中表现四维空间数据的方法是用空间直角坐标系,然后用颜色来表现多余的维度. 类似于地球仪用颜色表示海洋与高山. 具体方法是以 Oxy 平面表示自变量所在的复平面,用 z 来表示复变函数的函数值的实部,然后将其虚部的值和颜色建立一一对应的关系. 在 MATLAB 中可以通过 colorbar 函数来标示区分各颜色所代表的数值. 常用命令如下.

cplxgrid:构建一个极坐标的复数数据网格,如

z=cplxgrid(m); %产生(m+1)*(2*m+1)的极坐标下的复数数据网格,为最大半径为 1 的圆面

cplxmap:对复变函数作图,如

cplxmap(z,f(z),[optional bound]) %画复变函数的图形,可选项用以选择函数的作图范围

用 cplxmap 作图时,以 Oxy 平面表示自变量所在的复平面,以 z 轴表示复变函数的实部,颜色表示复变函数的虚部.

cplxroot:画复数的 n 次函数曲面,如

cplxroot(n) %画复数 n 次根的函数曲面,复数取最大半径为 1 的圆面

cplxroot(n,m) %画复数 n 次根的函数曲面,生成(m+1)*(2m+1)的复数数据网格

例 7.12 绘制函数 $f(z)=z^3$ 的图像.

解 MATLAB 程序如下:

```
>> z=cplxgrid(20);
>> w=z.^3;
>> surf(real(z),imag(z),real(w),imag(w));  %或者 cplxmap(z,z.^3)
>>colorbar('vert');
>> title('z^3')
```

绘制出的函数图像如图 7.1 和图 7.2 所示.

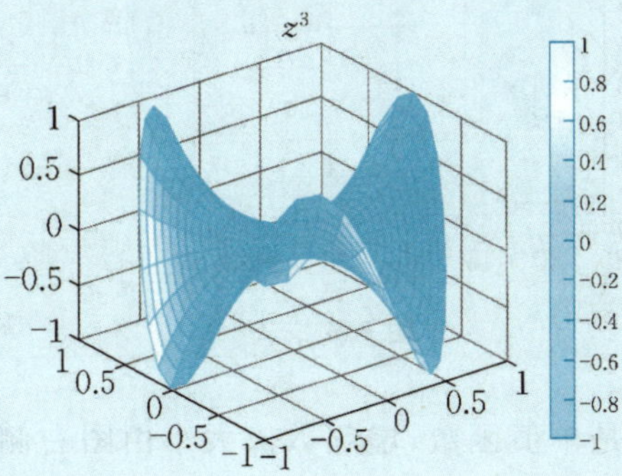

图 7.1

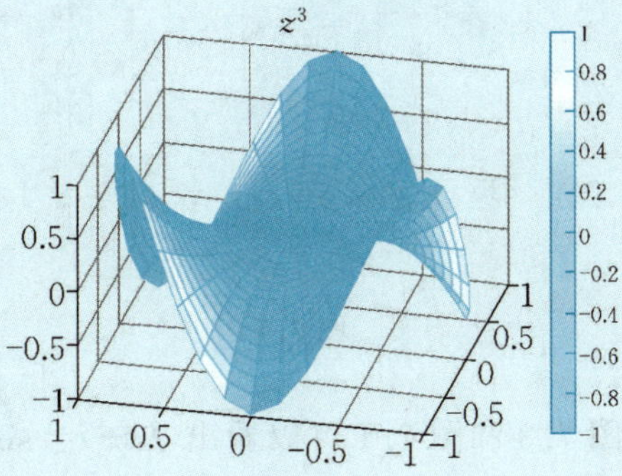

图 7.2

应用 MATLAB 绘制函数图像,还可以直观地发现某些函数的性质,更易于理解.

例 7.13 绘制函数 $f(z)=\sin z$ 和 $f(z)=|\sin z|$ 的图像.

解 MATLAB 程序如下：

```
>>z=4*cplxgrid(30);
>>cplxmap(z,sin(z));
>>colorbar('vert')
>>title('sin(z)')
>>x=[0:pi/5:7*pi];
>>[x,y]=meshgrid(x);
>>z=x+i*y;surf(x,y,abs(sin(z)));
>>colorbar('vert');
>>title('|sinz|')
```

绘制出的函数图像如图 7.3～图 7.6 所示.

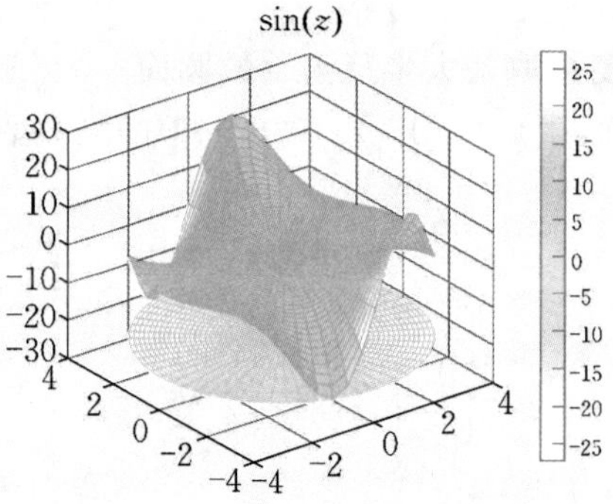

图 7.3

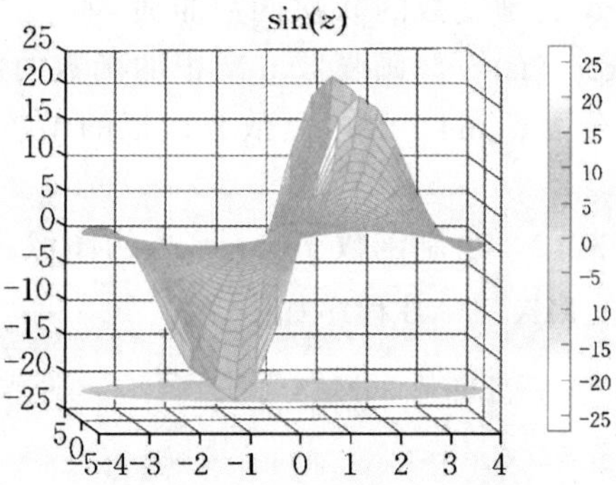

图 7.4

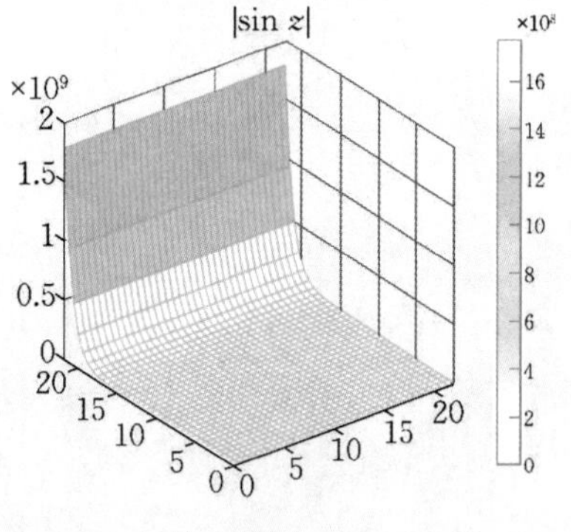

图 7.5

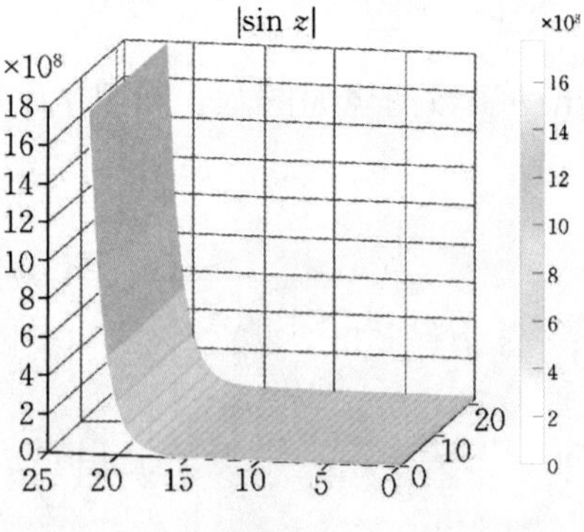

图 7.6

由图 7.3 和图 7.4 可以看出 $f(z)=\sin z$ 是单值函数，虚部数值大小由图右侧的颜色条表示，并且 $f(z)=\sin z$ 关于原点对称，周期为 $2\pi i$. 由图 7.5 和图 7.6 更可明显看出实数域上重要的结论 $|\sin x|\leqslant 1(x\in\mathbb{R})$ 在复数域上是不成立的. 而对于复数域上的余弦函数 $f(z)=\cos z$，同理可得其关于虚轴对称，周期同样为 $2\pi i$，并且 $|\cos x|\leqslant 1(x\in\mathbb{R})$ 在复数域上同样是不成立的.

由于映射 $w=f(z)$ 的多样性以及 z 平面上点集的多变性，曲线在映射下的像十分抽象，理解起来并不容易，应用 MATLAB 来绘制，可以快速且准确地绘制出图像，并且十分直观.

例 7.14 绘制圆周 $|z|=2$ 在映射 $w=z+\frac{1}{z}$ 下的像.

解 MATLAB 程序如下：

```
>> syms x y z t
>> t=-pi:0.01:pi;
>> x=2*cos(t);
>> y=2*sin(t);
>> z=x+i*y;
>> w=z+1./z;
>> subplot(2,1,1);
>> plot(z)
>> title('|z|=2')
>> axis equal
>> subplot(2,1,2);
>> plot(w);
>> title('w=z+1/z')
>> axis equal
```

绘制出的函数图像如图 7.7 所示.

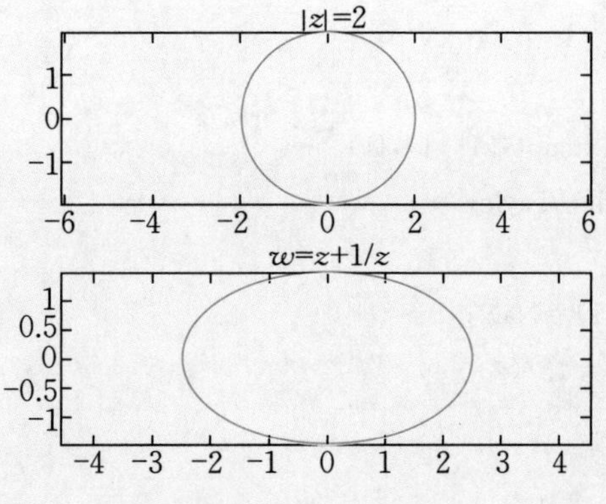

图 7.7

对于泰勒展开式和洛朗展开式，使用 MATLAB 绘制两种展开式的图像可以清晰地区分泰勒展开式和洛朗展开式，为理论学习提供了直观的解释.

例 7.15 绘制函数 $f(z)=\frac{1}{z}$ 在 $z=1$ 处的泰勒展开式和洛朗展开式的图像.

解　$f(z)=\frac{1}{z}$在 $z=0$ 处不解析,故 $f(z)=\frac{1}{z}$在 $z=1$ 处的泰勒展开式和洛朗展开式为:$|z-1|<1$ 时,其泰勒展开式为 $\frac{1}{z}=\sum_{n=0}^{\infty}(-1)^n(z-1)^n$;

$|z-1|>1$ 时,其洛朗展开式为 $\frac{1}{z}=\sum_{n=1}^{\infty}(-1)^{n+1}\frac{1}{(z-1)^n}$.

在得到泰勒展开式和洛朗展开式后,就可以应用 MATLAB 绘制图像了.

MATLAB 程序如下:

```
>> m=30;r=(0:2*m)'/m;
>> theta=pi*(-m:m)/m;
>> z=r*exp(i*theta);
>> z(find(z==1))=NaN;
>> figure(1)
>> cplxmap(z,1./z)
>> colorbar('vert');title('f(z)=1/z')
>> z1=z-1;
>> z1(abs(z1-1)>=1)=NaN;
>> f1=1;u1=1;
>> for k=1:100
u1=u1.*(z1-1);
f1=f1+u1;
end
>> figure(2)
>> subplot(1,2,1);cplxmap((z1-1),f1)
>> colorbar('vert');title('Taylor')
>> z2=z
>> z2(abs(z2-1)<=1)=NaN;
>> f2=1./(z2-1);u2=1./(z2-1);
>> for k=1:100
u2=u2./(z2-1);
f2=f2+u2;
end
>> figure(2)
>> subplot(1,2,2);cplxmap((z2-1),-f2)
>> colorbar('vert');title('Laurent')
```

绘制出的函数图像如图 7.8 和图 7.9 所示.

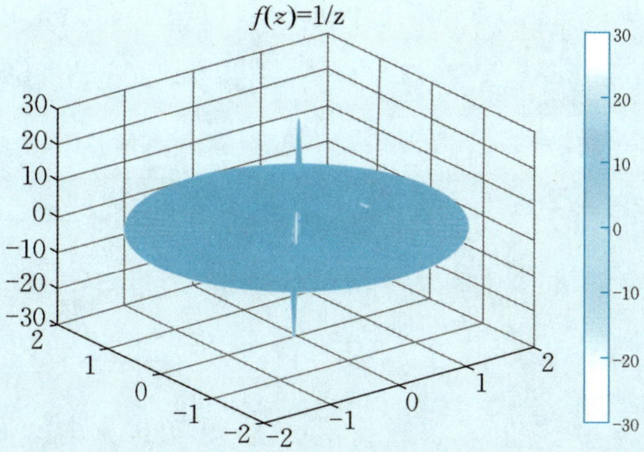

图 7.8

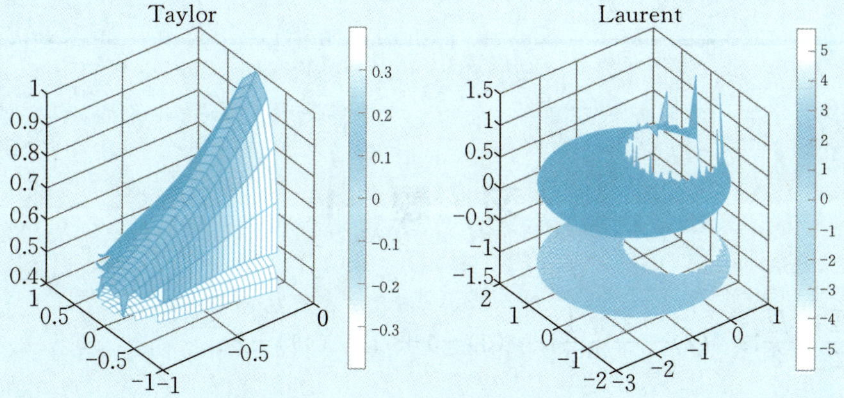

图 7.9

由图 7.7 和图 7.8 对比可以看出，泰勒展开式图像和洛朗展开式图像的结合，就是对 $f(z)=\dfrac{1}{z}$ 的图像拟合，而这种关系单靠思考可能会难以理解，结合 MATLAB 绘制的图像却是一目了然.

部分习题答案

习　题　1

1. (1)$\frac{\sqrt{2}}{2}-\frac{\sqrt{2}}{2}i$；　(2)$-\frac{3}{2}-\frac{1}{2}i$；　(3)$-1+7i$；　(4)$1-2i$.

2. (1)$\mathrm{Re}\,z=\frac{2}{13}$，$\mathrm{Im}\,z=\frac{-3}{13}$，$\bar{z}=\frac{2+3i}{13}$，$|z|=\frac{1}{\sqrt{13}}$，$\arg z=-\arctan\frac{3}{2}$；

(2)$\mathrm{Re}\,z=\frac{3}{2}$，$\mathrm{Im}\,z=\frac{1}{2}$，$\bar{z}=\frac{3}{2}-\frac{1}{2}i$，$|z|=\frac{\sqrt{10}}{2}$，$\arg z=\arctan\frac{1}{3}$；

(3)$\mathrm{Re}\,z=-3$，$\mathrm{Im}\,z=4$，$\bar{z}=-3-4i$，$|z|=5$，$\arg z=\pi-\arctan\frac{4}{3}$；

(4)$\mathrm{Re}\,z=1$，$\mathrm{Im}\,z=-2$，$\bar{z}=1+2i$，$|z|=\sqrt{3}$，$\arg z=-\arctan 2$.

3. ～5. 略.

6. (1)$\frac{2i}{-1+i}=\sqrt{2}\left(\cos\frac{\pi}{4}-i\sin\frac{\pi}{4}\right)=\sqrt{2}e^{-\frac{\pi}{4}i}$；

(2)$2i=2\left(\cos\frac{\pi}{2}+i\sin\frac{\pi}{2}\right)=2e^{\frac{\pi}{2}i}$；

(3)$-2=2(\cos\pi+i\sin\pi)=2e^{\pi i}$；

(4)$-1-\sqrt{3}i=2\left[\cos\frac{2\pi}{3}-i\sin\left(-\frac{2\pi}{3}\right)\right]=2e^{-\frac{2\pi}{3}i}$；

(5) $\dfrac{(\cos 2\varphi+\mathrm{i}\sin 2\varphi)^2}{(\cos\varphi-\mathrm{i}\sin\varphi)^3}=\cos 7\varphi+\mathrm{i}\sin 7\varphi=\mathrm{e}^{\mathrm{i}7\varphi}$；

(6) $|1-\cos\varphi+\mathrm{i}\sin\varphi| =\sqrt{(1-\cos\varphi)^2+\sin^2\varphi}=\sqrt{2-2\cos\varphi}=2\sin\dfrac{\varphi}{2}(0\leqslant\varphi\leqslant\pi)$，

$$\arg(1-\cos\varphi+\mathrm{i}\sin\varphi)=\arctan\frac{\sin\varphi}{1-\cos\varphi}$$

$$=\arctan\frac{2\sin\frac{\varphi}{2}\cos\frac{\varphi}{2}}{2\sin^2\frac{\varphi}{2}}=\arctan\left(\cot\frac{\varphi}{2}\right)=\arctan\left(\tan\frac{\pi-\varphi}{2}\right)=\frac{\pi-\varphi}{2},$$

所以 $1-\cos\varphi+\mathrm{i}\sin\varphi=2\sin\dfrac{\varphi}{2}\left(\cos\dfrac{\pi-\varphi}{2}+\mathrm{i}\sin\dfrac{\pi-\varphi}{2}\right)=2\sin\dfrac{\varphi}{2}\mathrm{e}^{\frac{\pi-\varphi}{2}}$.

7. (1) $\left(\dfrac{\sqrt{3}-\mathrm{i}}{2}\right)^3=-\mathrm{i}$；

(2) $(1+\mathrm{i})^4=-4$；

(3) $\omega_0=\sqrt[6]{2}\left(\cos\dfrac{\pi}{6}+\mathrm{i}\sin\dfrac{\pi}{6}\right)$，$\omega_1=\sqrt[6]{2}\left(\cos\dfrac{\pi}{2}+\mathrm{i}\sin\dfrac{\pi}{2}\right)$，

$\omega_2=\sqrt[6]{2}\left(\cos\dfrac{5\pi}{6}+\mathrm{i}\sin\dfrac{5\pi}{6}\right)$，$\omega_3=\sqrt[6]{2}\left(\cos\dfrac{7\pi}{6}+\mathrm{i}\sin\dfrac{7\pi}{6}\right)$，

$\omega_4=\sqrt[6]{2}\left(\cos\dfrac{3\pi}{2}+\mathrm{i}\sin\dfrac{3\pi}{2}\right)$，$\omega_5=\sqrt[6]{2}\left(\cos\dfrac{11\pi}{6}+\mathrm{i}\sin\dfrac{11\pi}{6}\right)$；

(4) $\omega_0=\sqrt[8]{2}\left[\cos\left(-\dfrac{\pi}{16}\right)+\mathrm{i}\sin\left(-\dfrac{\pi}{16}\right)\right]$，$\omega_1=\sqrt[8]{2}\left(\cos\dfrac{7\pi}{16}+\mathrm{i}\sin\dfrac{7\pi}{16}\right)$，

$\omega_2=\sqrt[8]{2}\left(\cos\dfrac{15\pi}{16}+\mathrm{i}\sin\dfrac{15\pi}{16}\right)$，$\omega_3=\sqrt[8]{2}\left(\cos\dfrac{23\pi}{16}+\mathrm{i}\sin\dfrac{23\pi}{16}\right)$.

8. 设 $p(z)=a_0z^n+a_1z^{n-1}+\cdots+a_n$，并设 z_0 为已给方程的一个复数根，由题设，有 $p(z_0)=a_0z_0^n+a_1z_0^{n-1}+\cdots+a_n=0$，于是 $\overline{p(z_0)}=\overline{a_0z_0^n+a_1z_0^{n-1}+\cdots+a_n}=0$，即 $\overline{p(z_0)}=a_0\overline{z_0^n}+a_1\overline{z_0^{n-1}}+\cdots+a_n=0$，故有 $\overline{p(z_0)}=a_0\overline{z_0}^n+a_1\overline{z_0}^{n-1}+\cdots+a_n=p(\overline{z_0})=0$，即 $\overline{z_0}$ 也是 $p(z)=0$ 的根，故得证.

9. 由求 n 次方根的公式得题设方程的 n 个根为

$$1,\omega_k=\cos\frac{2k\pi}{n}+\mathrm{i}\sin\frac{2k\pi}{n}\quad(k=1,2,\cdots,n-1).$$

又由棣莫弗公式，有 $\omega_k=\left(\cos\dfrac{2\pi}{n}+\mathrm{i}\sin\dfrac{2\pi}{n}\right)^k$.

令 $w=\cos\dfrac{2\pi}{n}+\mathrm{i}\sin\dfrac{2\pi}{n}$，则 $z^n-1=0$ 的 n 个根为 $1,w_1,w_2,\cdots,w_{n-1}$，这是因为 $\omega_k=w^k$

$(k=1,2,\cdots,n-1)$，又因为 $w\neq 1$，所以 $1+w_1+w_2+\cdots+w_{n-1}=\dfrac{1-w^n}{1-w}$，又 $1-w^n=0$，故证得 $1+w_1+w_2+\cdots+w_{n-1}=0$. 这是 1 的三个立方根之和为零的推广.

10. ～12. 略.

13. (1) $w_1=-\mathrm{i}, w_2=-2+2\mathrm{i}, w_3=8\mathrm{i}$； (2) $0<\arg w<\pi$.

14. (1)圆周 $\left|w-\dfrac{\mathrm{i}}{3}\right|=\dfrac{2}{3}$； (2)直线 $v=-u$.

15. ～16. 略.

习　题　2

1. (1)在复平面上处处可导，且 $f'(z)=8(2z-1)^3$；

(2)在 $z\neq\pm 1$ 处可导，且 $f'(z)=\dfrac{-2(z^2+1)}{(z^2-1)^2}$；

(3)在 $z\neq\dfrac{1}{5}$ 处可导，且 $f'(z)=\dfrac{-28}{(5z-1)^2}$；

(4)在复平面上处处可导，且 $f'(z)=3z^2+2\mathrm{i}$.

2. (1) $z=\pm 1$；

(2) $x=y=0, x=y=\dfrac{3}{4}$.

3. (1)～(5)为假，(6)为真. 证明与说明略.

4. (1)仅在 $z=0$ 处可导，在复平面上处处不解析；

(2)在 $\sqrt{2}x\pm\sqrt{3}y\mathrm{i}=0$ 上可导，在复平面上处处不解析；

(3)在复平面上处处解析；

(4)在复平面上处处不可导、处处不解析.

5. $m=1, n=l=-3$.

6. ～9. 略.

10. (1) $z=2k\pi+\dfrac{\pi}{2}\ (k\in\mathbb{Z})$；

(2) $z=\ln 5+\mathrm{i}\left(\arctan\dfrac{4}{3}+2k\pi\right)\ (k\in\mathbb{Z})$；

(3) $z=-\mathrm{i}$.

11. 略.

12. (1) $\mathrm{e}(\cos 2+\mathrm{i}\sin 2)$；

(2)$e^{\frac{1}{2}}\left(\frac{\sqrt{2}}{2}-\frac{\sqrt{2}}{2}i\right)$.

13.
$$\mathrm{Ln}\,(-2+3i)=\ln\sqrt{13}+i\left(\pi-\arctan\frac{3}{2}+2k\pi\right),k\in\mathbb{Z},$$
其主值为
$$\ln\,(-2+3i)=\ln\sqrt{13}+i\left(\pi-\arctan\frac{3}{2}\right);$$
$$\mathrm{Ln}\,(3-\sqrt{3}i)=\ln 2\sqrt{3}+i\left(-\frac{\pi}{6}+2k\pi\right),k\in\mathbb{Z},$$
其主值为
$$\ln\,(3-\sqrt{3}i)=\ln 2\sqrt{3}+i\left(-\frac{\pi}{6}\right).$$

14.略.

15.令 $z=re^{i\theta}$,不妨设$-\frac{\pi}{2}<\theta<\frac{\pi}{2}$,则
$$2\mathrm{Ln}\,z=2\mathrm{Ln}\,re^{i\theta}=2\ln r+i(2\theta+4k\pi),k\in\mathbb{Z};$$
$$\mathrm{Ln}\,z^2=\mathrm{Ln}\,r^2e^{i2\theta}=2\ln r+i(2\theta+2m\pi),m\in\mathbb{Z}.$$
可见 $2\mathrm{Ln}\,z$ 与 $\mathrm{Ln}\,z^2$ 的实部相等,但虚部的取值不完全相同.前式中 π 的系数为 $0,\pm4,\pm8,\pm12,\cdots$,后式中 π 的系数为 $0,\pm2,\pm4,\pm6,\pm8,\pm10,\pm12,\cdots$,也就是说 $2\mathrm{Ln}\,z$ 的可能取值是 $\mathrm{Ln}\,z^2$ 可能取值的一部分,所以等式 $\mathrm{Ln}\,z^2=2\mathrm{Ln}\,z$ 不成立.读者可以通过类似的方法说明另一个等式不成立.

16.(1)$e^{-\frac{\pi}{4}-2k\pi}(\cos\ln\sqrt{2}+i\sin\ln\sqrt{2}),k\in\mathbb{Z}$;

(2)$3^{\sqrt{5}}(\cos 2\sqrt{5}k\pi+i\sin 2\sqrt{5}k\pi),k\in\mathbb{Z}$;

(3)$e^{2k\pi},k\in\mathbb{Z}$;

(4)$e^{\frac{\pi}{4}-2k\pi}\left(\frac{\sqrt{2}}{2}-\frac{\sqrt{2}}{2}i\right),k\in\mathbb{Z}$.

17.略.

习　题　3

1.(1)$-\frac{1}{3}+\frac{1}{3}i$;

(2)$-\frac{1}{2}+\frac{5}{6}i$;

(3)$-\frac{1}{2}-\frac{1}{6}i$.

2.(1)i；(2)$\frac{2}{3}$i.

3.(1)1；(2)2；(3)2.

4.(1)4πi；(2)8πi.

5.(1)0；(2)0；(3)2πi；(4)0；(5)0；(6)π.

6.略.

7.(1)2πi；(2)0；(3)$-\pi$i；(4)πi.

8.(1)2πi；(2)$-\pi$e；(3)$\frac{\pi}{3}\sin 3$i；(4)0；(5)2πi；(6)0.

9.(1)0；(2)$4\sin\frac{\mathrm{i}}{2}$；(3)$-\frac{11}{3}+\frac{1}{3}$i；(4)$\sin 1-\cos 1$；

(5)$-\sin 1-\mathrm{i}\sin 1$；(6)$-\left(\tan 1+\frac{1}{2}\tan^2 1+\frac{1}{2}\mathrm{th}^2 1\right)+\mathrm{i}\,\mathrm{th}\,1$.

10.(1)$\frac{\pi\mathrm{i}}{2}$；(2)πe^{-1}；(3)$2\pi(3-e)$i；

(4)$-\frac{\pi}{2}(e+e^{-1})$i；(5)$\sqrt{2}\pi\sin\left(1-\frac{\pi}{4}\right)$i；

(6)当$|a|>1$时，结果为0；当$0<|a|<1$时，结果为$\pi\mathrm{i}e^{a}$.

11.$c=-3a$，$b=-3d$.

12.不对.$-u$是v的共轭调和函数.

13.～15.略.

16.(1) $f(z)=z^2-\mathrm{i}\frac{z^2}{2}+\mathrm{i}c$（$c$为任意常数）；

(2) $f(z)=\mathrm{i}\left(\frac{1}{z}-1\right)$；

(3) $f(z)=ze^z+z+\mathrm{i}z+2$；

(4)$f(z)=\ln z+c$（c为任意常数）.

17.～18.略.

习 题 4

1.(1)发散；(2)收敛，极限为-1；(3)发散；

(4)发散；(5)收敛，极限为0；(6)收敛，极限为0.

2.略.

3.(1)绝对收敛；(2)条件收敛；(3)条件收敛；

(4)绝对收敛；(5)发散；(6)发散.

4.(1)不正确；(2)不正确.

5.(1)$R=1$,收敛域为$|z|\leqslant 1$；

(2)$R=1$,收敛域为$|z-1|\leqslant 1$；

(3)$R=+\infty$；

(4)$R=\dfrac{1}{2}$,收敛域为$|z|\leqslant\dfrac{1}{2}$；

(5)$R=\dfrac{\sqrt{5}}{5}$,收敛域为$|z|<\dfrac{\sqrt{5}}{5}$.

6.(1)$-\dfrac{z}{(1+z)^2}$；　(2)$\ln(1+z)$，$|z|\leqslant 1$ 且 $z\neq -1$.

7.～8.略.

9.(1) $\dfrac{1}{1+z^3}=\sum\limits_{n=0}^{+\infty}(-1)^n z^{3n}, R=1$；

(2) $\dfrac{1}{(1-z)^2}=\sum\limits_{n=1}^{+\infty}nz^{n-1}, R=1$；

(3)$e^{z^2}=\sum\limits_{n=0}^{+\infty}\dfrac{z^{2n}}{n!}$, $R=1$；

(4)$\cos 2z=\sum\limits_{n=0}^{+\infty}(-1)^n\dfrac{z^{2n}}{(2n)!}, R=+\infty$.

10.(1) $-\sum\limits_{n=0}^{+\infty}[2(z-1)]^n, |z-1|<\dfrac{1}{2}$；

(2)$1-2\sum\limits_{n=0}^{+\infty}z^n, |z|<1$；

(3)$\sum\limits_{n=0}^{+\infty}(n+1)(z+1)^n, |z+1|<1$；

(4)$\sum\limits_{n=0}^{+\infty}(-1)^n\left(\dfrac{1}{2^{2n+1}}-\dfrac{1}{3^{n+1}}\right)(z-2)^n, |z-2|<3$；

(5)$\sum\limits_{n=1}^{+\infty}(-1)^{n-1}\dfrac{1}{2n-1}z^{2n-1}, |z|<1$；

(6)$\sum\limits_{n=0}^{+\infty}\dfrac{1}{5}\left[\dfrac{-1}{4^{n+1}}-(-1)^n\right]z^{n+1}, |z|<1$.

11.情形 1:$|z|<1, f(z)=\sum\limits_{n=0}^{+\infty}\left[\dfrac{(-1)^n}{2^{n+1}}-1\right]z^n$；

情形 2：$1<|z|<2, f(z)=\frac{1}{2}\sum_{n=0}^{+\infty}\left(-\frac{z}{2}\right)^n+\frac{1}{2}\sum_{n=0}^{+\infty}\left(\frac{1}{z}\right)^n$；

情形 3：$2<|z|<\infty, f(z)=\frac{1}{z}\sum_{n=0}^{+\infty}\left(-\frac{2}{z}\right)^n+\sum_{n=0}^{+\infty}\left(\frac{1}{z}\right)^{n+1}$.

12. $f(z)=\sin 1+\frac{\cos 1}{z-1}-\frac{\sin 1}{2!(z-1)^2}-\frac{\cos 1}{3!(z-1)^3}+\cdots+(-1)^n\frac{\sin 1}{(2n)!(z-1)^{2n}}$

$+(-1)^n\frac{\cos 1}{(2n+1)!(z-1)^{2n+1}}+\cdots$.

13. (1) $-\sum_{n=0}^{+\infty}z^{n-1}, 0<|z|<1, \sum_{n=0}^{+\infty}(-1)^n(z-1)^{n-1}, 0<|z-1|<1$；

(2) $-\sum_{n=0}^{+\infty}z^{n-2}, 0<|z|<1, \sum_{n=1}^{+\infty}(-1)^{n+1}n(z-1)^{n-2}, 0<|z-1|<1$；

(3) $-\sum_{n=-1}^{+\infty}(z-1)^n, 0<|z-1|<1$,

$\sum_{n=0}^{+\infty}(-1)^n\frac{1}{(z-2)^{n+2}}, 1<|z-2|<+\infty$；

(4) $\sum_{n=0}^{+\infty}\frac{2}{n!}(z+2)^{-(n+1)}, 0<|z+2|<+\infty$；

(5) $\sum_{n=0}^{+\infty}(-1)^{n-1}\frac{(z-\mathrm{i})^{n-1}}{\mathrm{i}^{n+1}}, 0<|z-\mathrm{i}|<1$,

$\sum_{n=0}^{+\infty}(-1)^{n-1}\frac{\mathrm{i}^n}{(z-\mathrm{i})^{n+2}}, 1<|z-\mathrm{i}|<+\infty$.

14.～15. 略.

习　题　5

1. 不是. 理由略.

2. (1)是，本性奇点；　(2)是，可去奇点.

3. (1) $z=0$ 是二级极点；

(2) $z=0$ 是二级极点；

(3) $z=0$ 是一级极点，$z=\pm\mathrm{i}$ 是二级极点；

(4) $z=0$ 是可去奇点；

(5) $z=-1$ 是一级极点，$z=1$ 是二级极点；

(6) $z=0$ 是三级极点，$z=2k\pi\mathrm{i}, k\neq 0$ 且 $k\in\mathbb{Z}$ 是一级极点；

(7)$z=1$ 是本性奇点.

4.～5. 略.

6. 不对.

7. (1)可去奇点；　(2)本性奇点；　(3)可去奇点.

8. (1)$\mathrm{Res}\,[f(z),0]=\frac{1}{24}$；　(2)$\mathrm{Res}\,[f(z),1]=1$.

9. (1)$\mathrm{Res}\,[f(z),0]=\frac{1}{2}$, $\mathrm{Res}\,[f(z),-2]=-\frac{1}{2}$；

(2)$\mathrm{Res}\,[f(z),0]=-\frac{1}{6}$；

(3)$\mathrm{Res}\,[f(z),-2]=-1$, $\mathrm{Res}\,[f(z),0]=1$；

(4)$\mathrm{Res}\,[f(z),1]=1$；

(5)$\mathrm{Res}\,[f(z),0]=\frac{1}{5!}$；

(6)$\mathrm{Res}\left[f(z),k\pi+\frac{\pi}{2}\right]=(-1)^{k+1}\left(k\pi+\frac{\pi}{2}\right)(k\in\mathbb{Z})$.

10. $-\left(1-\frac{1}{3!}\right)$.

11. 略.

12. (1)0；　(2)0；　(3)$4\pi i e^2$；　(4)πi；

(5)$\pi i(e+e^{-1})$；　(6)$2\pi i$；　(7)$2\pi i$；　(8)$-12i$.

13. (1)$-\frac{\pi i}{(3+i)^{10}}$；　(2)$-\frac{2}{3}\pi i$.

14. (1)$\frac{1}{2}\pi$；　(2)$\frac{2}{9}\pi$；　(3)$\frac{5\pi}{12}$；　(4)$\frac{\pi}{4a}$；　(5)$\frac{1}{2}\pi e^{-2}$.

习　题　6

1. (1)以 $w_1=-1, w_2=-i, w_3=i$ 为顶点的三角形；

(2)圆 $|w-i|\leqslant 1$.

2. 伸缩率为 $|w'(i)|=2$；旋转角为 $\mathrm{Arg}\,w'(i)=\frac{\pi}{2}$，映射成 w 平面上的虚轴正向.

3. 在导数不为零的条件下具有伸缩率和旋转角的不变性，映射 $w=z^2$ 在 $z=0$ 处不具有伸缩率和旋转角的不变性.

4. (1) $\operatorname{Im} w>1$;

(2) $\operatorname{Im} w>\operatorname{Re} w$;

(3) $|w+\mathrm{i}|>1, \operatorname{Im} w<0$;

(4) $\left|w-\frac{1}{2}\right|<\frac{1}{2}, \operatorname{Im} w<0$;

(5) $\operatorname{Re} w>0, \left|w-\frac{1}{2}\right|>\frac{1}{2}, \operatorname{Im} w>0$.

5. (1) $u^2+v^2=1$;　(2) $\left(u-\frac{5}{3}\right)^2+v^2=\left(\frac{4}{3}\right)^2$;　(3) $\operatorname{Im} w>0$.

6. (1) $w=\frac{2z-1}{z-2}$;　(2) $w=\mathrm{i}\,\frac{(2z-1)}{2-z}$;　(3) $\frac{w-a}{1-\bar{a}w}=\mathrm{e}^{\mathrm{i}\varphi}\,\frac{z-a}{1-\bar{a}z}$.

7. $w=\frac{-4z}{(\mathrm{i}-1)z-(1+\mathrm{i})}$.

8. (1) 直线 $\operatorname{Re} z=C_1$ 映射成圆周 $\rho=\mathrm{e}^{C_1}$，直线 $\operatorname{Im} z=C_2$ 映射成射线 $\varphi=C_2$；

(2) 映射成张角为 $\beta-\alpha$ 的角形域 $\alpha<\arg w<\beta$；

(3) 映射成 $|w|>1, 0<\arg w<\alpha, 0\leqslant\alpha\leqslant 2\pi$.

9. $w=\mathrm{e}^{\frac{2\pi}{z-\mathrm{i}}}$.

10. $w=1+\mathrm{e}^{\mathrm{i}\varphi}\,\frac{z-a}{1-\bar{a}z}$.

参考文献

[1]王绵森. 复变函数[M]. 2 版. 北京：高等教育出版社，2020.

[2]西安交通大学高等数学教研室. 工程数学：复变函数[M]. 4 版. 北京：高等教育出版社，1996.

[3]王绵森. 工程数学：复变函数（第四版）学习辅导与习题选解[M]. 北京：高等教育出版社，2003.

[4]钟玉泉. 复变函数论[M]. 4 版. 北京：高等教育出版社，2013.

[5]WYLIE C R. 高等工程数学：下册[M]. 西安交通大学数学系《工程数学》翻译组，译. 北京：人民教育出版社，1981.

[6]CHURCHILL R V. 复变数导论及其应用[M]. 林海明，林克伦，译. 上海：上海科学技术出版社，1959.

[7]魏平. 复变函数[M]. 北京：北京邮电大学出版社，2015.

[8]张高民，崔俭春，吕锋，等. 复变函数与积分变换[M]. 3 版. 青岛：中国石油大学出版社，2022.

[9]刘名生，黄志波，孙道椿，等. 复变函数[M]. 2 版. 北京：科学出版社，2023.